淡定的女人
最幸福2

芳琼◎著

商务印书馆国际有限公司

图书在版编目（CIP）数据

淡定的女人最幸福 . 2 / 芳琼著 . — 北京 : 商务印书馆国际有限公司 , 2013.2（2014.1重印）

ISBN 978-7-80103-934-7

Ⅰ . ①淡… Ⅱ . ①芳… Ⅲ . ①女性 — 人生哲学 — 通俗读物 Ⅳ . ① B821- 49

中国版本图书馆 CIP 数据核字 (2013) 第 003594 号

淡定的女人最幸福 2

作　　者 芳　琼

项目统筹 彭月兰

出版发行 商务印书馆国际有限公司

地　　址 北京市东城区史家胡同甲 24 号（100010）

电　　话 010 － 65592876（总编室）　010 － 65227580（编辑部）

010 － 65598498（市场营销部）

网　　址 www.cpi1993.com

经　　销 全国新华书店

印　　刷 北京佳信达欣艺术印刷有限公司

开　　本 700mm × 1000mm　1/16

字　　数 228 千字

印　　张 15

版　　次 2014 年 1 月第 1 版第 2 次印刷

书　　号 ISBN 978-7-80103-934-7

定　　价 29.80 元

前　言 | PREFACE

做个能稳住自己内心的女人

在浮躁的现代都市，许多女人把生活当成了一趟列车，让它承载着梦想疾速行驶，盼望着早日抵达幸福的终点站。一路上，她们无数次描绘着幸福的场景，思索着哪一条路离幸福更近，时刻为赢取名利富贵而纠结烦恼，总觉得那才是填充幸福的唯一内容。

直到有一天，生命的列车停下了，走不动了，它抵达了生命的尽头，那里没有想象中的独好风景，而是荒芜一片，唯有破旧的站牌上写着一句话：别走得太快，最美的风景在路上。

女人在生活中要承受的东西太多，这个世界要求她们贤良淑德，貌美如花，生儿育女，还要腹有诗书气自华。其实，女人大可不必让这些东西扰乱了自己平静的步伐，更不必匆匆忙忙去追寻这些幸福的表象。一杯清茶，若一口喝下，尝到的只有苦涩；若慢慢揭开杯盖，细细地品，便能品出茶的清香。一朵鲜花，若因为急于得到而把它摘下，花儿很快就枯萎了；若把它小心翼翼地栽入盆中，精心呵护，则每天都可以嗅到它的芬芳。一碗白饭，若是囫囵吃完，定是索然无味；若在嘴中细细咀嚼，便能尝到清淡中的香甜。其实，幸福就像那一杯茶，一朵鲜花，一碗白米饭，需要在生活中慢慢地品，慢慢地赏，慢慢地嚼。

记得安妮宝贝在《素年锦时》里写道："那些语言似乎是飘浮在空气里的，它们会流动会漫溢，会让人心里暖和安定。"身处在这个越来越浮躁的年代，每个女人都需要这样一种文字的安慰。

《淡定的女人最幸福2——稳住自己的内心》，是继《淡定的女人最幸福——幸福女人必修的88个淡定禅》之后，为女人倾心打造的又一本暖心之作，里面的每一个故事、每一句箴言都在以自身的温度和质感，似清澈的流水一般洗涤女人内心的不满、悲伤和失望，带领身心疲惫的女人穿过黑暗感受阳光。

如果，此刻的你正焦急地期待着一份结果，那么请你保持淡定。这个世界上，有一种幸福叫作守候，唯有淡定沉稳、懂得静心等待的女人，才能守得云开见月明。

如果，此刻的你正在羡慕着别人的花园，那么请你保持淡定。幸福是坚定而缓慢的成长，每个人都有自己的一段“沉香”，你该试着努力绽放自己的芬芳。

如果，此刻的你正在为小事烦心，那么请你保持淡定。当你学会把世上的一切都置于心外，生活便不会带走什么。别忘了，心若安好，便是晴天。

如果，此刻的你正为消逝的激情而困惑，那么请你保持淡定。最好的生活，无非是你在闹，他在笑，如此平淡温暖地过一生。

如果，此刻的你正在被寂寞吞噬，那么请你保持淡定。人生如旅，一个人孤独，两个人未必不孤独。有些路只能一个人走，谁耐得住寂寞，谁就走得更远。

如果，此刻的你正在幸福的路上狂奔，那么请你保持淡定。幸福的节奏该是缓慢的，不如停下匆匆的脚步，欣赏一下路边的风景，幸福的女人总是从容地生活、优雅地老去。

如果，此刻的你正在为过去懊悔，那么请你保持淡定。婆娑世界，万事都有缺陷，谁也无法达到圆满，珍惜眼前才是最好的活法。

淡定，是人生的从容之态，是对生命的珍视，是对世事的释然。淡定是一种优雅，是一种生活态度，是宠辱不惊，是对简单生活的追求。

女人啊，稳住自己的内心，从容淡定的面对世界，该停留的时候放慢脚步，该放开的时候不强求，放大细微的幸福，缩小所有的悲伤，再把点点滴滴的幸福串联起来，才能够让幸福长长久久。

目　录 | CONTENTS

第1章 有一种幸福叫守候

静心等待，春暖花开

种子播进土地时，我们要等待它的发芽；渴望温暖的阳光时，我们要等待天空的放晴；厌倦黑夜的时候，我们要等待黎明的到来。生命就是一个日子接着一个日子在时间里缓缓而行，等待是生命的另一种存在方式。如果说人生的种种绝望暗喻着醒悟与升华，那么，跋涉之后的耐心等待与坚持，往往都是幸福的序言，你无法预料到接下来会是什么，但是等待的过程，却可以让你感受到生命的丰足与实在！

第2章 守住生命中的沉香

幸福是缓慢而坚定地成长

每个女人都有独立的思想和意识，有着独属于自己的那一段“沉香”。若是过分在意他人的意见，就无法活出自己的精彩。淡定的女人该懂得，幸福是缓慢而坚定的成长，生命中最要紧的是自己如何看，而不是别人如何看。多一点豁达和超然，让每天在平静喜悦中度过，不去羡慕别人的花园，努力绽放自己的芬芳；不要在温暖中投降，要做一棵独立于人间的橡树；要经得住诱惑，更要好好地为自己活。如此，才不辜负这一段漫长的人生之途。

第3章 心若安好，便是晴天

把世界放在心外，生活便不会带走什么

心灵原本是一片净土，一尘不染。可在喧闹的环境中待得久了，就很容易被世俗杂音扰乱，失去原有的宁静。身处繁华喧扰中的女人，要照顾好自己的那颗心。一颗躁动的心，无论幽居于深山，还是隐没在古刹，都无法安静下来。唯有平复躁动的心，不做招摇的枝柯，而是让它成为静默的根系，深藏在地下，才不为尘世的一切所迷惑，女人永远要谨记：心若安好，便是晴天。

第4章 爱，在平淡的流年

让我们慢慢相爱，爱得淡一点，久一点

在漫长的岁月长河里，轰轰烈烈的日子犹如水面偶尔荡起的涟漪，大多数的时光都是在平静中度过的。只是，心浮气躁或是暂时未懂得生活真相的女人，还一直沉浸在美妙的幻想中。慢慢地，经过了岁月的打磨，渐行渐远的青春和愈积愈厚的沉淀，让她们慢慢走出了那个喧嚣与绚烂的世界。没有了哀怨，没有了纷争，没有了妒忌，没有了浮躁，取而代之的是一份恬淡，一份平和。她们恍然大悟：生活原来就是一杯淡淡的水，要靠自己慢慢去体会，细细去品味，用心去欣赏，才能发现幸福。

第7章 寻找幸福的节奏

品味慢活，让灵魂跟上脚步

不知道从什么时候开始，女人的生活节奏开始以忙碌为基调了，一切的一切，都让脚步变得匆匆忙忙。她们原本想象着快一点能够更靠近幸福，却忘了脚步太快、走得太远，终有一天会不记得自己为什么而出发。与其在迷乱中行走，不如让生活的脚步慢下来，让心灵的脚步也慢下来。与周围的人喝茶聊天，品味人与人相处的乐趣。漫长的人生路，收获最多、活得最好的总是那些沿途看风景的人。

第8章 最长久的拥有是珍惜

漫漫人生路，把幸福握在手心

人生的路只有一条，走了就不能再回头，别指望死胡同里会有出口。当我们感觉到某种东西渐渐远离自己的时候，再怎么竭力地去挽留、去弥补，都已经太迟了。淡定的女人，要学会珍惜现在所拥有的，不为错过的人事而懊悔，接纳人生是不圆满的真相，时时感恩、日日惜福，珍惜生命中的每一段缘分，享受和亲人在一起的每一个瞬间，让自己的生活多几分舒适，少几分满怀牵挂的苦楚，多几分惬意，少几分带瑕疵的不如意。

第1章 有一种幸福叫守候

——静心等待，春暖花开

种子播进土地时，我们要等待它的发芽；

渴望温暖的阳光时，我们要等待天空的放晴；

厌倦黑夜的时候，我们要等待黎明的到来。

生命就是一个日子接着一个日子在时间里缓缓而行，

等待是生命的另一种存在方式。

你无法预料到接下来会是什么，

但是等待的过程，

却可以让你感受到生命的丰足与充实！

等待是生命的另一种存在

戈壁上有一种奇特的植物，每逢雨天，它就会立即抽芽，快速地生根、长叶、开花、结果。整个生命周期，只有短短的八天。此后，新一代的种子又会安安静静地开始等待，等待雨水的再一次来临，等待生命的绽放。对它们来说，等待是生命的常态，是最主要的存在方式。

有人说："没有学会等待的生命，就不具备生存的资格。"

的确，等待不是浪费时间，它也是一个动态的过程，是人生的一个序列数，一个无序的轮回。生命的总和，就是由许许多多、大大小小的等待构成。人生是需要等待的，有了等待生命才会充满神秘和诱惑，人生才会充实而有意义；有了等待，我们才会在寒冬时节期待冰雪的融化和春日的阳光；有了等待，我们才会在秋实中分享收获的喜悦、感动。人生是一个接一个漫长的等待过程，只要生命还在继续，我们就要在等待中活着。

想成为一个幸福的女人，就要有一颗淡定的心，就要懂得静心守候。"揠苗助长"的故事我们再熟悉不过了，庄稼有它的生长规律，成长成熟都需要一定的时间，倘若人为地去拔高它，省略掉成长成熟的过程，它便只能永远停留在那个阶段了，属于它的只有枯萎和凋亡。植物如此，人事亦然。

人生不能省略等待的过程，若没有等待，人生就少了一份别样的魅力。美妙也好，折磨也罢，等待都是一种审美的过程，女人要学会在等待中丰富自己的心灵，磨炼自己的耐性。失去耐心，急躁，很可能为自己带来不必要的损失和麻烦，甚至，让一些原本美好的事物早早地枯萎。

曾经看过一则与等待相关的寓言故事，感触颇多。

淡定 | 寄语

等待阳光吧，除了等待之外，怎么发愁都是无用的。

——三毛

一位年轻女孩与男友约会，提前精心装扮了一番，早早地到了约会地点。起初，她还满心欢喜，幻想着男友看到自己的惊喜表情，可等了二十分钟，却还不见对方的身影。这时候，她有点烦躁了，甚至有点气急败坏，心里一股子怒火，抱怨男友为什么不能早点出来，害她一个人等那么久。

就在她抱怨连连的时候，面前突然出现了一位老者，老者对她说：“我知道你为什么不开心。戴上这块表，当你遇到不能等待的事情时，就把时针转一下，你就能跳过当时的时间，想要多久都可以。”

女孩很惊讶，没想到世间还有如此神奇的东西。她欣然接受了老者的礼物。老者走后，她试着把时针扭了一圈，果然，她的男友即刻出现在她眼前。这让她激动不已，心想：要是我们能够结婚多好呀！于是，她又扭动了时针。很快，婚礼的场景又出现在她面前。接下来，她又急不可待地把时针转了一圈又一圈，让自己心中所想的事物一一浮现在眼前……就在她感叹这只手表神奇的同时，她却忘记了生命已经在她身边飞快地掠过了。最后，她发现自己已经头发花白，疾病缠身，躺在病床上，再次拨动时针的话，唯一的结果就是死亡的降临。

女孩后悔了，她哭着说：“我真希望能够重新来过，一步一步地走完这一生，再不要匆匆而过。我会耐心地等待。”

这时，表的开关猛地向左转动，一切又回到了最初。她站在约会的地点，心平气和地看着蓝天白云，听着鸟儿的鸣叫，在等待男友的同时，欣赏着周围一切美好的东西。她感慨：原来，人生不可以跳跃着前行，唯有耐心等待才能让生命的旅途充满乐趣。

人们总是企图凡事一步到位，其实，任何事情都急不得。没有人是一夜长大的，也没有人可以一步登天。再远的路途，都得一步一步地走下去，才能抵达终点。等待的过程或许有点漫长，或许还有点艰辛，而等待的结果却是未知，就像是在不知尽头的时间跑道上长跑，但我们每天都免不了要经历等待，永远也离不开这一条轨道。真正懂得幸福的女人，看重的不仅仅是等待的结果，还懂得享受等待过程中的喜悦、感动。

人生的真谛是等待，它是一段又一段时间的重复演变，是一种又一种生活状态的叠加。在等待这条跑道上，每个起点都是一个新目标的开始，也是一个终点的完结。等待的过程，本身就充满着不可言喻的内涵。尽管每个人的等待方式和目的不一样，但等待的情怀是一致的，而我们正是在一次次的等待中，度过了生命中的每一天。或许，梦想会在等待中实现，即便它有了偏离，仍然可以寄予下一次的等待。淡定的女人，心中永远有梦，她会让每一次等待都有永存的价值。为了不让幸福来得太快，为了不让幸福走得太急，我们一起静心等待。

生活之所以美好，只因有了希望

生活就像一块七色板，不同的颜色寓意着不同的味道，有成功的喜悦，追梦的艰辛，挫折的痛苦，孤独的寂寥，拥有的幸福……它们构成了五彩斑斓的生活，但在这种种心情的背后，都有着一个共同的基调，那就是希望。

生活离不开希望，离不开期盼，离不开寄托。对于双目失明的海伦·凯勒来说，她设想着自己假如和正常人一样，或者哪怕只能看到三天光明，她将干些什么？在这份期待的支撑下，她写下了散文代表作《假如给我三天光明》，感动了亿万心灵。

每个女人，都该学会经常给自己一个希望，哪怕只是一个小小的期待和盼望，也会让你的心境和从前大不一样。当一个人的心中有了希望，有所期待，有所追求，才会觉得人生充满意义。希望会在你疑惑不解的时候告诉你答案，为你指引方向；希望会在你迷茫无助的时候向你伸出一只手，拉着你走出人生的困境。

刚刚到澳大利亚读书的时候，她为了减轻家里的经济负担，空闲的时候总是骑着一辆旧自行车去找工作。服务生、洗碗工、送报纸，她都做过。

有一次，在给人送报纸时，她无意中看到报纸上刊登的澳大利亚某电讯公司的招聘启事。起初，她很想去试试，但是她心里有很多顾虑，自己的英语说得不够地道，专业也不太对口……尽管如此，经过一番思想斗争，她还是决定试一试，就应聘了线路监控员的职位。一轮又一轮的面试之后，她离那个年薪三万的职位越来越近了，可这时候招聘的主管却给她出了一个“尖锐”的难题：“你有车吗？你会开车吗？”

原来，这份工作需要经常外出，没有车简直寸步难行。在澳大利亚，公民普遍都拥有私家车，没有车的人非常少，这看似平常的事情，对于她这个初来乍到的留学生而言，显然是无法实现的。可为了争取那份极具诱惑力的工作，她不假思索地回答："有！会！"

招聘主管说："好。那么，四天以后，开着你的车来上班。"

四天时间，买一辆车，开车上班？谈何容易。为了生存，她豁出去了。先是找朋友借了五百澳元，又从旧货市场买了一辆外表丑陋的小汽车。第一天，她跟着朋友学习简单的驾驶技术；第二天，她在朋友的辅助下，在一块大草坪上摸索着练习；第三天，她半生不熟地开着车上了路；第四天，她竟然驾车去公司报了到……时至今日，她已经成了那家电讯公司的业务主管。

我们不晓得故事中的女孩专业水平如何，也不对她的做法加以评判，只是她在面对棘手难题时的那份淡定，不得不让我们佩服。很多事情尽管不那么完美，甚至面临着各种麻烦，可她依然不忘给自己留一份希望。

鲁迅曾经说过："希望是附丽于存在的，有存在，便有希望，有希望，便是光明。"希望是激励我们前进的巨大的无形动力。生活并不是一帆风顺的，我们无法控制机遇，却可以掌握自己；我们左右不了变化无常的天气，却可以调整自己的心情。只要每天给自己一个希望，人生就不会失色。

有人说，希望就像一朵娇艳的玫瑰，芬芳是淡淡的，但寓意着祝福，弥漫在我们的生活中；有人说，希望就像一本厚厚的书，在时光的推移中让我们不断地翻阅。每个女人的心里都该留一份希望，是麦穗，就该有金色的梦想；是种子，就该有绿色的希望。有所期待的人生，才不会暗淡无光；守住心中的希望，生活才会变得更美。

希望，真的不需要是多么远大的理想，它可以很小，哪怕只是平常日子里的一个小小心愿，一份小小的期待。比如，下班后独自到一家心仪的咖啡馆坐坐，享受一下难得的悠闲；周末约

淡定 | 寄语

许多人对快乐的理解是完全错误的。人不是通过自我满足，而是通过忠实于一个值得追求的目标而获取快乐的。

——海伦·凯勒

个朋友去喝茶，惬意地聊聊天；下个月为自己报一个有兴趣的培训班；年底为自己安排一次长途的旅行。我们大都是芸芸众生中的平凡女子，希望也就是这样平平常常的满足，从从容容的期盼。尽管在别人眼中，它们可能微不足道，但对于自己的生活而言，却可以平添许多快乐，它们值得等待，这份等待的喜悦才是最难能可贵的。

从现在开始，每天晚上睡觉前，想象一下你渴望的生活，想象一下你渴望成为的自己；然后，第二天睁开眼的时候，就对生活心存美好的期待，暗暗下定决心让自己这一天都过得快乐，这种积极的暗示，能够帮助你从容地应对任何事、任何人。有了对幸福的美好期盼，还需要有一份勇气和耐心，不管明天是晴空万里，还是暴风骤雨，都要执着而淡定地走下去，时刻提醒自己：这是一条通往幸福的大道，路途遥远，但是希望永远会为自己护航。

如果等不及，那永远也等不到

莎士比亚说："除了通过黑夜的道路，人们无法到达黎明。"黑夜，好比人生中的坎坷风雨，如果你想看到彩虹，就不要在"黑夜"时放弃，耐心等待，"黎明"终会到来。

炎炎夏日，雌蝉在柔软的嫩枝上排卵。一个月后，阳光开始孵化卵子，孵化的幼虫从树枝跌落到地面，在树下松软的土壤中钻洞，直到遇到树根，它便停在了那里，吮吸着汁液，维持生命。

在黑暗的泥土中，幼虫就像处在黑夜之中，它看不到一缕光明，听不到一丝声音。可它仍在黑暗之中默默地坚守着，默默地生长着，默默地等待着。它知道，距离那个在阳光下唱歌的日子还很遥远，可终究会有到来的一天。

就这样，它在黑暗中盼啊、等啊，一年、两年、三年……甚至北美洲的一种蝉一直到第十七个年头才开始爬出洞穴。它沿着树干攀上树枝，慢慢地蜕去丑陋的外壳，一跃飞上枝梢，开始在阳光下欢快地吟唱。经过了漫长的等待，幼虫终于成了蝉，成就了自己的美丽。

生命的过程，其实就是等待的过程。从我们出生开始，日子就一直在等待中度过。只是，有些女人等待得急躁，有些女人等待得充实，不同的心境决定了不同的命运。

身处浮躁而喧闹的社会中，等待实在是一件磨人的事。尤其是心急火燎要达到目的地的时候，多等一分钟，内心的焦虑就会多上一倍甚至几倍。心境不够淡定的女人，每逢这个时候，信心与耐心就会被时间消磨殆尽。她们宁可选择放弃，放弃努力，放弃追求，放弃希望，也不愿意继续在原地等待。

的确，等待是漫长的，不是一朝一夕的事，等待的过程很枯燥，会令人心生厌倦。但越是长久的等待，越能体现结果的珍贵和价值。

很多时候，成功和幸福就在你的不远处，如果你等不及，那你注定只能与之擦身而过。

淡定 | 寄语

人生的一些事有时不需要着急，慢慢地等一等，看它在时间中自行流动的样子，看它如何回归自己的秩序，如何成形。分辨清楚，最终才拿出一意孤行的迅疾的勇气。

——安妮宝贝

琳达在一家广告公司做创意文案，工作能力很强，是大家公认的才女。但是，公司里的人际关系比较复杂，一向单纯的琳达不善于左右逢源，始终未能得到领导的赏识。她觉得领导有意压制她的才能，一气之下，选择了辞职。

说来也巧，琳达刚刚离开公司不久，那个经常对她指手画脚、反复挑刺儿的领导就被调走了，而新上任的领导是过去一直非常欣赏她的人。可惜，事已至此，琳达也不能回头了。她只得在新单位比别人付出更多的努力。只是没多久，她又觉得压抑，受不了公司的氛围，于是又跳槽到了新公司。

就这样，几年下来，她反复跳槽，在哪儿也待不长。最初与她一同进入职场的那些姐妹们，大多成了公司里的业务精英，有的甚至已经坐到了管理者的位子。

每次从别人口中听到过去的同事取得了什么成就，她都不服气，总觉得是人家命好，自己没有那么好的机遇罢了。

我们暂且不论曾与琳达一同共事、如今已小有成就的同事，是否真的在能力上不及她，但她们在长久的等待中所展现出的那份韧性，就注定她们会比琳达走得更远。而在此过程中，她们所积累的经验，也是琳达难以企及的。琳达总以为只要不停地往前走，就能到达目的地。殊不知，等待本就是行走中的一个环节，有时候甚至比行走本身更重要。

生活中，最好的时机也需要用最大的耐心去等待。如果一个女人懂得默默忍受等待所带来的苦闷，把焦虑转化为动力，她便是一个睿智的女人。可惜，很多女人总是在应该等待的时候，选择了匆忙的行动，她们会像琳达那样，不顾一切地向前冲，结果失去了本该属于自己的一切。

等待，不是一种消极的状态，它是生活对我们的一种心理测试，检验我们是否有足够的耐心坚持下去，检验我们在嘈杂而充满变故的环境中，是否有一份淡定的心境。正所谓："遣我来者，与我同在。命运未弃我于孤独。"任何人都不是命运的宠儿，谁也不会抛弃你。女人要学会等待，学会在艰难的日子里摸索着前行。如果有一线希望，就不要半途而废。沮丧、想要放弃的时候，换个角度去看事情，换个心情去思考问题，你会发现一切没那么糟糕，很可能再坚持最后一分钟，结局就会不一样。

不要把等待当成一种浪费，那也是行走的姿态。罗马不是一天建成的，成功也不是一气呵成的，真正的幸福来得更是缓慢，那段路程也更长。步伐停下来了，可思想还可以运转；事情暂时停止了，可时光仍在流逝；现状或许不堪，可周围的事物却可能悄然发生着改变。

每一份等待都是一种行走，每一份等待都是一种收获。做人如此，做事亦如此。如果你等不及，那你就永远都等不到花开，等不到幸福。

在等待中默默努力

仙人掌和玫瑰，同样是浑身长满刺的植物，可它们的生命经历以及对待生命的态度，却大相径庭。

仙人掌浑身都是刺，生得也不漂亮，一直被人们厌恶。在人们轻视的目光下，仙人掌承受不住了，它觉得自己根本就没有资格和人类在一起生活，便悲伤地离开了人群，躲到了罕无人迹的热带沙漠。在沙漠里，它慢慢地适应了残酷的环境，并安心地住了下来，甚至在其他各种杂草纷纷逃离沙漠的时候，它依然不肯离去。

玫瑰和仙人掌一样，也是浑身长满了刺，可她并不厌恶这一身刺，反倒觉得这是自己的独特魅力，是一种凛然不可侵犯的美。人们起初并没有对玫瑰加以追捧，总觉得牡丹才是花中之王，大气、富贵，但玫瑰并没有放弃，它不怨恨自己的一身刺，而是努力寻找隐藏在自己身上的独特魅力。

后来，人们惊讶地发现，玫瑰的X光片上竟然是没有刺的。原来，玫瑰知道外表对自己而言不是全部，所以当别人说它的香气太浓郁，浑身长满刺而不敢靠近的时候，它没有气馁和绝望，而是变得更加坚强。

世人常说，谁笑到最后，谁笑得最好。女人想要魅力四射，成就更好的自我，绝不能像仙人掌那样一味地逃避，不肯接受眼下平庸的自己。不要介意自己因为外貌和实力不足而被周围的人忽视，这一切都可以改变，只是需要一点时间和耐性。像玫瑰那样，身上长满刺却依然傲立于花丛，要学会利用自己的特点，找寻自己的独特美丽，才是女人应有的生命姿态。

读高中的时候，一帆就是众多男生追求的对象。她模样漂亮，身材高挑，这样的条件让周围的不少女生也愿意和她亲近，其中也不免有想“沾光”的小心思。这让一帆的虚荣心得到了极大的满足，她也更乐于参加那些集会活动，每天都把心思花在装扮与玩乐上，慢慢地也就把功课落下了。

卓然也是一帆的同学，她希望能和这个漂亮的女生做朋友，可一帆却总嘲笑她：“你看你，穿得太土了！”“你这衣服早就过时了！”“你也该打扮打扮自己了……”

这些话，像冰针一样刺痛了卓然的心，她恨不得自己能去做个整形手术。可她转念一想：“我现在还是个学生，比漂亮有什么用？能漂亮一辈子才算本事。”卓然是个倔强的姑娘，也是个聪明人。她一心扑在学习上，最后考上了一所名牌大学。

从那以后，她的愿望通过自己的努力一个个地都实现了。她褪去了学生时代那“其貌不扬”的外衣，却留下了学生时代那份坚韧和沉稳，成了职场里一朵鲜亮的奇葩。后来，她结识了一位优秀的男友，可谓是爱情事业双丰收。

一天，卓然和同事逛街，刚走进一家服装店就看到了一个熟悉的身影——那个店员不是一帆吗？她怎么在这里？两个人互相看着对方，都为彼此的变化感到惊讶，却又不知道该说些什么，一帆看着眼前如此知性靓丽的卓然，愣了半天，才勉强打了个招呼，心里却有一种说不出的酸涩的味道。

真正的“公主”不是一帆那样模样漂亮、清高自负的女人，而是认清自己的处境，接受暂时的“平庸”，并以此为跳板来获得更好发展的卓然。唯有坚信自己是世界上独一无二的存在，并相信自身价值，在等待绽放的过程中不断完善自己的女人，才是真正的“公主”。

努力的女人是最漂亮的女人，是最令人佩服的淡定女人。她们懂得静心等待，更懂得在等待中如何使自己的大脑和灵魂保持清醒，为了自己的目标不停地奋斗。她们不用言语去证明自己，她们心里清楚，当有一天，胜利的光环罩在

淡定 | 寄语

永远不要认为我们可以逃避，我们的每一步都决定着最后的结局，我们的脚正在走向我们自己选定的终点。

——米兰·昆德拉

自己的头顶上，还有谁会忽视“我”的存在?

你若渴望有一个美好的未来，就要学会努力改变自己，而不是当别人无视你的价值时，悲观、绝望、自暴自弃。要知道，从“平庸”变得“不凡”需要时间，需要毅力，谁能够静心地等待，默默地努力，谁就可以等到花开绽放的美丽。

给生活以时间，去把梦想实现

小小的水滴，力量微弱，可在长年累月的坚持下，它能滴穿坚硬的石头。淡定的女人如水，有柔弱的一面，也有着水一样的坚韧。她们追随着自己的内心，在时间的跑道上，不抱怨、不放弃，最终走到心中的目的地，与最好的自己相遇。

1987年，她14岁，辍学后在湖南益阳的一个小镇卖茶，1毛钱一杯。她人小，摊位小，可她的茶杯却比别人大一号，每个杯子上盖一块能够遮挡灰尘的小玻璃片，茶水可以免费续杯。她的茶卖得最快，那时，她总是快乐地忙碌着。

1990年，她17岁，多数同行嫌卖茶不赚钱而改行，可她却把卖茶的摊点搬到了益阳城里，改卖当地传统的风味“擂茶”。擂茶制作很麻烦，但也卖得上价钱。那时，她配制成许多不同口味的擂茶，让每碗茶都有独特的风味。很快，她的生意就红火起来。

1993年，她20岁，这时的她仍在卖茶，只是她不再摆摊点，而是在省城长沙有了一间自己的小店面，店中央摆着根雕茶几，每位客人进门，她都耐心地泡上茶请人免费品尝。慢慢地，她的小店吸引了许多客人和茶商，而她也培养了一批品茶人。后来，经过朋友的介绍，她开始在其他城市开茶庄分店，并且还延续同样的经营模式，请人免费品茶，培养品茶人，然后茶叶一包一包地卖出去。

1997年，她24岁，在茶叶与茶水间滚打了整整十年。这时，她已经拥有37家茶庄，遍布于长沙、西安、深圳、上海等地。福建安溪、浙江杭州的茶商们一提起她的名字，莫不竖起大拇指。

2003年，她30岁，她最大的梦想实现了。“在本来习惯于喝咖啡的地方，也有洋溢着茶叶清香的茶庄出现，那就是我开的……”说这句话时，她已经把茶庄开到了香港和新加坡。

她，就是茶商孟乔波。

她曾经说自己只是个卖茶的，也永远是卖茶的，她会一条路走到底。这是一种坚持，更是一种耐心。在我们周围，还有许多像孟乔波一样的女人，在为生活而努力，为理想而奋斗，但是她们之中最终有谁能够和孟乔波一样成功，那还要问她们自己。谁有耐心坚持到最后，谁便笑得最好。

淡定 | 寄语

一切努力都为了追求那事物内在美的实现，千万别丢了理想，丢了信念。要坚信，一切都是为了更美好的未来。别催促上帝的安排，给生活以时间，去把理想实现。

——斯特朗

世上很多事物都是看似微不足道，可若每天持之以恒，坚持下去，就能创造出令人刮目相看的成绩。从“昨夜西风凋碧树，独上高楼，望尽天涯路”到“衣带渐宽终不悔，为伊消得人憔悴”，再到“众里寻他千百度，蓦然回首，那人却在灯火阑珊处”，每一样都离不开坚持。

读过《致加西亚的信》这本书的人，一定还对故事中的主人公罗文记忆犹新。书中讲到，罗文接受了一个任务——给加西亚将军送信，可是谁也不知道加西亚将军在什么地方，谁也不知道如何才能联系上将军、怎样才能到达？面对这样的难题，罗文没有多想，他努力去执行这个看似不可能完成的任务，不顾一切地把信送达了目的地。至于罗文在徒步三周、历尽艰险、走过危机四伏的国家，把信送给加西亚的过程中是否抱怨过，我们不得而知，书中也没叙述。但我们可以确定一点：如果没有执着和坚持，在重重困难中，罗文肯定是完不成任务的。

没有执着，蚂蚁可以不用再忙忙碌碌地取食，太阳可以不用每日东升西落，沙漠可以不必拥有绿洲，海水可以不用潮汐更替，鲜花可以不用年年争相开放，苍鹰也不用不辞辛苦地练习飞翔……可若如此，这个世界会变成什么样？

世间最容易的事是坚持，最难的也是坚持。说它容易，是因为只要心中有信念，每个人都可以做到；说它难，是因为能够真正坚持下来，能够给梦想足够时间的人，太少。相信，每个女人心中都有自己的梦想和追求，比如开一间属于自己的咖啡厅，完成一次充实生命的环球之旅，资助一名失学儿童直至中学毕业，不管这个梦想是什么，都需要以一种淡定的心境、执着的心态去追求，无论中途遇到了什么困阻，都要坚守自己心中的梦想，给它多一点时间和坚持，我们的生命才会更精彩。

做一个懂坚持的淡定女人吧，短暂而虚渺的幸福来得容易，而真正的、长久的幸福却需要历经时间的考验。付出总会有回报的，如果暂时还没有得到回报，可能是我们做得还不够好。我们要做的，就是继续坚持，这是一种生命不息的本色，是一种面对艰辛不放弃的淡定态度，它不需要山盟海誓，只要你默默地为它燃烧自己，在平凡中蜕变，在默默无闻中坚持，不管有多少风雨，都能够一往无前，不管有多少苦难都可以一笑而过，并能淡定地告诉自己：因为梦想的路很远，所以需要多一点时间。

百年等待，只为一次花开

《基督山伯爵》中有一句令人刻骨铭心的话：“人类的全部智慧都包含在这两个词中：等待和希望……”有时候，苦苦地等待，只是为了奇迹的出现，只是为了静候人生之花绽放的那一天。

世上有一种叫作普雅花的植物，生长在南美洲安第斯高原海拔4000多米人迹罕至的地方。它的花期只有短短的两个月，花开时却美艳至极，花谢时也是极尽荒凉，整个花株都会随之枯萎。可是，很少有人知道，为了这短短的两个月花期，普雅花要等上整整一百年。

用一百年的时间，等待短短两个月的绽放，值得吗？普雅花从未思考过这个问题，它只是静静地伫立在高原上，默默地吸收着阳光的能量，默默地汲取大地的养料，努力营造自己的那一次绽放。它等待了一百年，用百年一次的花开证明自己生命的美丽与价值。

有时候，女人就像普雅花一样，为了生命中最美丽的一刻，坚定地等待着。等待失散多年的亲人，等待杳无音讯的朋友，等待离家许久未曾归来的孩子，等待一个展示自己的机会，等待一份让自己怦然心动的爱情……在没有达成心愿之前，她们把希望寄托于未来。等待教会女人如何取舍，让女人在独自徘徊的时候了解苦等的价值。即便没有结局，但至少还有一个过程。也正是所等待的梦想，支撑着她们坚强地活下去。

她的母亲曾是一名优秀的军医，在她刚刚考上高中的时候，母亲却因为一次意外，右手受伤，从此告别了手术台。自那时起，她就立下了一个心愿：考上某军医大学，继续母亲从前的事业。

可是，天不遂人愿，她两次高考都未能够达到那所大学的录取分数线。母亲把这一切都看在眼里，也劝她不要再固执，读其他的医科大学也一样。她说："不，我就要进那所大学，因为您是从那里出来的，这是我最大的心愿。这次考试我发挥得不好，我还可以等下次，只要坚持，我一定能考上。"母亲叹了口气，没再多说什么。要知道，这已经是她复读的第二年，第三次参加高考了。

无奈之下，母亲只能让她继续补习。其实，她的成绩很优异，若不是为了进入那所心仪的军医大学，她应该是个"大三"的学生了。眼看着与她同龄的女孩子，都临近大学毕业了，可她还在高考大军中日夜奋战着。

第四次高考，很多人觉得她应该会如愿以偿了。因为上一次高考，她只差了两分。可惜，这一次她又落榜了。家人劝她放弃，退而求其次，她不答应。外面的那些指责和嘲笑，她也不介意。为了自己的心愿，她又一次走进了复读的课堂。

终于，上天不负有心人。这一次，她如愿以偿地迈进了某军医大学的校门。她走进大学的那一年，很多同龄人开始找工作了。但她并不后悔，她努力学习，之后一直读到了博士。那时，她的很多大学同学都已经结婚生子，生活和工作也稳定了下来。他们觉得，没必要非要读到博士，有了现在的文凭，以后努努力，也是一样的。面对别人的质疑，她淡淡一笑。

博士毕业之后，她以自身的能力被一个一线城市的军医院选中，成了一名大夫。在那里，她还邂逅了自己人生的另一半，并与之结为连理。在她工作的第二年，部队又给他们分了房子。她那些昔日的同窗们，尽管很多人都比她先走进社会，可他们却还在为房贷发愁，为工作不稳定叹气，为自己的文凭贬值烦恼，而这一切麻烦，女孩早已在一次又一次等待和坚持中解决了。

女孩很年轻，却有一颗不浮躁的心。不管是面对一次次的失败，还是家人的反对，或是周围人的质疑与嘲讽，她都坚守着自己的方向，凡是没

淡定 | 寄语

一生至少该有一次，为了某个人而忘了自己，不求有结果，不求同行，不求曾经拥有，甚至不求你爱我，只求在我最美的年华里，遇到你。

——席慕容

有到位，她宁愿寻找机会等待下一次。在苦等中坚强，在逆境中蜕变，最终让梦想变成现实。

当然，生活不是童话，不是所有的等待都会有结局，也不是每个结局都合乎自己的期望。等待，就好比一部开放性结尾的小说，作者是自己，但结局却不由自己决定。你只是完成它，结局可能在我们的设想之中，也可能在设想之外。很多人的苦等，终究还是竹篮打水一场空。这种等待，恐怕是最让人难以接受的。

王宝钏寒窑苦等远征的丈夫18年，这个故事人们早已耳熟能详。试问：一个女人有几个18年？王宝钏，在她人生最美好的光阴里，忍饥挨饿，挖野菜度日，没有精神愉悦，更没有物质享受，生活可谓是毫无乐趣。可她尝尽了世间的万般苦难后，换来的却是锥心刺骨的伤害。

她的丈夫从军后被敌人俘虏，后又被招为驸马，就此过上了幸福的生活。一个男人毕生追求的东西，他都拥有了。可在家乡苦苦等待他的良人，衣不蔽体食不果腹，以为自己找到了终身的依靠，却误了终生。他确实成了气候，但不属于她，她牺牲了自己，可这种伟大却成了浪费。

整整18年之后，薛平贵回来了，与王宝钏夫妻相认，她与代战公主共事一夫。可惜，18天后，王宝钏死了，她没能让这种“美满”进行得长久。

王宝钏在离开这个世界时，不是愿望得偿后的含笑合眼，而是发现自己坚守的信仰可笑地碎了。虽然在过去18年的漫长等待中，她一直唱着独角戏，她的等待是痛苦的，却不荒谬，因为她心中有爱，她坚守着最真挚的感情。结局不尽如人意，但人们都会感叹王宝钏的忠贞，而鄙视薛平贵的无情，王宝钏那漫长的18年的等待，就是她对自己的爱情的最好注解。

有人把等待比喻成一个空心的圆，即便它里面是空的，也不影响它存在的价值。女人啊，静心守候你认为值得的一切吧！不管之后的结局如何，都无愧于守候的那些岁月。若是美好，叫作精彩；若是糟糕，叫作经历。至少这漫长的等待，会造就你一颗淡定的心，会丰富你人生的意义。

有些东西不必刻意去寻找

品一壶好茶，得花一点时间和心思。烧开水，看着碧绿的茶叶在沸水中轻轻舒展开来，慢慢融入清水中，散发出沁人心脾的幽香……似乎所有美好的事物，总是需要沉下心来慢慢等待。

爱情，从来都是一件美好的事，却也是一件百转千回的事。席慕蓉曾说："为了与你相遇，我在佛前求了五百年。"每一段爱情佳话的背后，多多少少都蕴藏着一段美丽的等待。

1991年初夏的一天，现任中国作协主席铁凝去看望著名女作家冰心。那一年，铁凝34岁，冰心老人90岁。中国两代优秀的女作家，进行了这样一番对话：

"你有男朋友了吗？"冰心问铁凝。

"还没找呢。"铁凝回答。

"你不要找，你要等。"冰心老人说。

铁凝记住了冰心老人的话，而这一等，就是16年。

2007年4月26日，铁凝与经济学家华生结为秦晋之好，这是50岁的铁凝第一次品尝婚姻的甜蜜。这个消息，顿时轰动了整个文坛。谈到对丈夫华生的评价，铁凝只说了一句话："他是我一生可以相依为命的人。我喜欢相依为命这个词。爱情是无法言说的，所谓爱情就是当它到来的时候，其他的一切都将落花流水。"

50岁才与华生相遇，并结为伉俪，这无疑是一个传奇。在过去几十年的婚姻空白中，铁凝铭记着冰心老人的话，她说："一个人在等，一个人也没有找，这就是我跟华生这些年的状态。我说对爱情要有耐心，当然期望值不必过高，但不要让希望消失，我想是这样。永远不要放弃自己的期待。"

最终，她等到了华生。铁凝和华生曾经去过江苏的金山寺，那里有一块匾，上面篆刻着“心喜欢生”四个字。意思是说，如果心喜悦了，欢乐就生出来了。铁凝和华生在苏州的山塘街听评弹《钗头凤》，那是根据陆游和唐婉的爱情故事改编的。两个心怀柔情的中年人，在千百年的爱情绝唱中，相视一笑。他们在茫茫人海中，找到了灵魂之伴侣，这是何等的幸福。

淡定 | 寄语

我要你知道，在这个世界上，总有一个人是等着你的，不管在什么时候，不管在什么地方，反正你知道，总有这么一个人。

——张爱玲

这多么像书中描绘的那样：“于千万人之中遇见你所遇见的人，于千万年之中，时间的无涯的荒野里，没有早一步，也没有晚一步，刚巧赶上了，那也没有别的话可说，唯有轻轻地问一句：噢，你也在这里吗？”铁凝的爱情之花，一直美艳如初。她说：“爱是一种能力，不是每个人都具备这种能力，婚姻应该会更丰富，更能滋养人的内心，而不是使它更苍白或更软弱。”在等待的过程中，她没有刻意去寻找，只是淡定地守候着，让自己的内心在岁月的洗礼中慢慢成熟，更深刻地理解爱的内涵与婚姻的真谛。

是的，真正的爱情和长久的幸福，绝不是为了结婚而结婚的关系，也不是委曲求全的勉强结合，而是顺其自然，水到渠成。如果那个人没有出现，不要心急，或许他就在下一个拐角处等你。如果遇到了错的人，也不要丧气，相信上天的本意是为了让你在遇到对的人时，更懂得珍惜。

她是芸芸众生中的一个平凡女人，33岁，未婚。每当独自一人的时候，她都不由得感到清冷和孤独。为了排遣寂寞，她不断地约会。可就像人们说的那样：“孤单是一个人的狂欢，狂欢是一群人的孤单。”

从二十几岁开始，她的身边就陆续出现过很多不同的男人，可似乎每一个都不是自己想要的，真正的爱情宝盒，一直都深藏在心里，没有任何人打开过。

前几次的恋爱，都以失败告终。她也曾试着与对方磨合，适应彼此的习惯，努力说服自己欣赏对方的好，可心里的感觉却怪怪的。有时，她甚至不知道自己爱的究竟是眼前的这个男人，还是他对自己的好？她享受过奢华的生活，却怀疑这奢华背后是否有一颗真心。日子就这样过着，她的心变得越来越麻木。

后来，一位作家朋友问她："你对另一半的要求是不是很高？还是只想找个爱自己的人就够了？你是不能容忍对方的缺点，还是在他们身上不曾找到爱的感觉？"她反复思量着这些问题，而后明白，她所期待的是一份真正的爱情，不是单纯地被爱，不是奢华的生活，也不是相互取暖。只是，这份爱情什么时候才能出现，她不知道。

朋友告诉她："爱情可能会姗姗来迟，你要继续等待着。你要相信，总有一天那个人会出现，世界上的某一个角落总有一个人在等待自己，就像自己在世界的这个角落等待着他出现一样。"

爱情，向来都是可遇不可求，否则，就不会有那句"蓦然回首，那人却在灯火阑珊处"了。当缘分未到的时候，耐心地等着，不要急躁，不要委曲求全，不要刻意去找。单身意味着你有足够的坚强和耐心，去等待那个值得拥有你的人。总有一个人是一经遇见就再不能割舍的。遇见之前所经历的一切都是为了等待，而遇见之后所要经历的一切都是为了相守。有一天那个人走进了你的生命，你就会明白，真爱总是值得等待的。

人生如四季，没有盼不来的春天

大自然有春夏秋冬四季，其实人生也如四季。春天是生命中的温暖和幸福，也是希望的象征；夏天是生命的火热姿态，是对梦想的热烈追寻和不懈奋斗；秋天是生命中的收获季节，是付出之后得到的满满的成功；而冬天是人生中的冰天雪地，是痛苦和艰辛的低谷。

女人爱浪漫，无不喜欢温暖的小幸福；女人爱幻想，无不有热烈的美好梦想；女人重情义，无不盼望付出能有回报；女人很感性，当生命中的那一段严冬到来时，她们总是难以坦然面对和释怀。可是，人生如四季，四季有轮回，人生就注定有悲喜。世事不可能全都顺心如意，磕磕绊绊总难免，痛苦是每个人都会遇到的事，但它不是永恒的，它终会过去。

人，其实都比想象中要坚强许多。做女人要有一份淡定的心境，不管遇到了什么磨难，都不要抱怨命运不公平，也不要从此悲观绝望，厌倦世俗。在充满苦难的生命中，没有过不去的事，只有过不去的人；在人生的四季中，没有过不去的严冬，也没有盼不来的春天。

她是一位普通的农村妇女，可她的人生却像一本厚重的书。

18岁时，她结婚了。26岁时，她赶上日本鬼子在农村进行大扫荡。为了生存，她带着两个女儿和一个儿子东躲西藏。村里很多人受不了这种暗无天日的折磨，想到了自尽，她得知后总是劝慰说：“别这样啊，没有过不去的坎，日本鬼子不会永远这么猖狂的。”

终于，她盼到了日本鬼子被赶出了中国的那一天。可是她的儿子却在炮火连天的岁月里，因为缺医少药，缺吃少喝，营养不良，最终生病夭折了。她的丈夫无法接受这个事实，一连在床上躺了几天。她心里也难过，却流着眼泪说："咱们的命苦啊，可再苦也得过啊！儿子没了，咱们再生一个，人生没有过不去的坎。"

过了两年，她又生了儿子。可儿子刚出生不久，她的丈夫却因病去世了。这对她来说，真的是一个巨大的精神打击。很长时间，她都没回过神来，可最后还是挺过来了，她把三个未成年的孩子揽到自己怀里，说："别怕，娘还在呢，有娘在，谁也不敢欺负你们。"

她一个人拉扯着三个孩子，含辛茹苦，终于盼到了他们长大成人。两个女儿嫁人了，儿子也娶了媳妇，她逢人就乐呵呵地说："我说吧，人生没有过不去的坎，现在的生活多好呀！"

天意弄人，这个命运多舛的女人并没有从此过上幸福的生活。她在照看孙女的时候，不小心摔断了腿。因为年纪大了，做手术的风险太大，就一直没有手术，而她只能一直躺在床上。儿女们都哭了，她却说："哭什么，我还活着呢。"

行动不便的她，没有一丝抱怨，她坐在炕上，戴着一副老花镜，安安静静地织围巾、绣花、做点手工艺品，邻居们来串门，都说她的手艺好，还纷纷要跟她"拜师学艺"。

就这样，她一直活到了87岁。临终前，她只对儿女们说了一句话："我走了，你们要好好活，人生没有过不去的坎儿……"

淡定 | 寄语

一个人对于苦乐的看法并不是一定，也不是永久的。许多当年深以为苦的事，现在想起来却充满了快乐。

——林清玄

面对敌人的伤害，她不屈服；面对生活的艰辛，她不低头；面对亲人的离去，她不绝望。她只是一个柔弱的农村女人，可她却有着一颗淡定而强大的心，她始终相信：世上没有过不去的坎。她用自己瘦弱的双肩扛着巨大的痛苦与不幸，带着孩子们一步一步地走了过来。

人生有低谷不可怕，可怕的是沉溺其中不能自拔。所以，当生命中不幸的浪潮涌来时，不要手足无措，不要以泪洗面，让自己淡定下来，因为怨叹、悲泣、痛苦，都救不了你，它只会加深你的怨叹、悲泣、痛苦，让你坠落得更深、更惨！生命中真正的幸福来得绝不会一帆风顺，当你咬着牙，忍着悲痛挺过去时，就会惊喜地发现：在淡定地等待中，时间会洗刷掉你所有的悲伤。

22岁那年，她大学毕业。就在她接到一家大公司的录用通知那天，父亲却突然因为意外撒手人寰。她悲痛欲绝，三天不吃不喝，仿佛生活夺走了她所有的希望。她的世界变成了灰色，原本俊俏的脸上也满是痛苦和憔悴，看着让人心碎。那时的她，绝不会想到，她还能再找到幸福。可是，一年后的她，依然幸福地恋爱了；三年后的她，已经成了一个孩子的妈妈。她的生活，又变得灿烂多姿。

每个人的人生都会经历这样或那样的痛苦，不幸不尽相同，心情却都相似。你可以给自己一段时间，尽情发泄心中的痛苦，但是过了这段日子之后，就要慢慢平复自己的情绪，如果暂时做不到忘记，那么请把这一切交给时间，它会帮你抚平创伤。你不要频频回顾，而是要相信，痛苦不是永恒的，它终有一天会过去，而快乐也终会重新找到你。

记住一句话：如果大自然有四季轮回，那人生就没有盼不来的春天。

第2章 守住生命中的沉香

——幸福是缓慢而坚定地成长

每个女人都有独立的思想和意识，
有着独属于自己的那一段“沉香”。
若是过分在意他人的意见，
就无法活出自己的精彩。
淡定的女人该懂得，
幸福是缓慢而坚定的成长，
生命中最要紧的是自己如何看，
而不是别人如何看。

每个人都有一段“沉香”

一位年迈的富翁担心自己死后，唯一的儿子会因为继承了大笔的财富而变得懒惰，不肯奋斗，最终坐吃山空，甚至招来厄运。为此，他想到了一个办法。

富翁把儿子叫到跟前，将自己年轻时白手起家的过程如实地讲给了儿子。他希望用自己的经历鼓舞儿子，靠自己的努力打拼出未来。儿子听到父亲的讲述，心生感动，就决定独自一人去寻找财富。于是，他一个人跋山涉水，历尽千辛万苦，终于在一片热带雨林中找到了一种能够散发出浓郁香味的树木，这种树木和其他树木不同，把它放到水中，它不会浮在水面上，而是沉到水底。他相信这定是价值连城的宝贝，于是满心欢喜地带着香木到市场上去卖。

大概是人们从未见过这样的树木，但看外表也没有发现香木的独特之处。几天下来，他的树木根本无人问津，可他旁边卖炭的老头，生意却非常好。一车木炭，半天的工夫就都卖光了。

起初，富翁的儿子还能够坚持自己的初衷，他相信自己的宝贝肯定能够卖个好价钱，只是需要点时间而已。但是，半月下来，眼看着别人的木炭每天都能卖上一两车，而自己的树木始终无人问津，他不禁有点急躁了。一个月后，他改变了自己的初衷，把自己的香木全都烧成了木炭。结果，烧成的木炭很快卖完了，他非常高兴，拿着自己卖炭的钱迫不及待地回家见父亲。

听了儿子的讲述，父亲老泪纵横，他深深地叹了口气，说：“孩子，你烧成木炭的香木，是世上最珍贵的树木——沉香。你只要切下一小块磨成香粉，它的价值远远超过那一车的木炭啊！”

相信富翁在意的并不是儿子失去了赚钱致富的机会，而是他没能够守住自己的“沉香”，让世界上原本最珍贵的香木，变成了最平常的木炭。回头想想，生活中又有多少女人也曾犯过同样的错误？没有坚守自己的“沉香”，选择了随波逐流，放弃了做最真实、最独一无二的自己。

人生中总会有这样或那样的不足，不可能十全十美，这就需要女人懂得相信自己，欣赏自己，保持本色，在个性张扬中活出自己的精彩。敢于活出自我本色的女人，才能真正成为生命的主角，才能做自己命运的主宰。

淡定 | 寄语

这个世界上你认识那么多的人，那么多人和你有关，你再怎么改变也不能让每个人都喜欢你，所以还不如做一个自己想做的人。

——几米

布朗太太从小身材就很胖，脸看起来更胖。布朗太太的母亲是个古板的人，总觉得胖胖的她没有必要穿漂亮衣服，所以从小就让她穿宽大的衣服。长期以来，布朗太太也是按照这个标准为自己添置衣物。她其实过得并不开心，平日里很少参加宴会，上学时也不喜欢和其他孩子一起玩，总觉得自己不受欢迎。

结婚后，布朗太太没有太大的改变。她的丈夫和婆婆为人和善，自信开朗，是她所希望成为的那种人。有时，她也尽量让自己和大家融为一体，可却办不到。为了让她变得开朗一些，婆婆和丈夫也想办法帮她，结果却使得布朗太太更想缩回到自己的世界里去。她变得更加紧张，回避所有的朋友，甚至听到有人按门铃就害怕。她知道这样的人生很失败，也担心丈夫发现这一点。在公共场合，她强颜欢笑，好几次都让大家为她的假装开心感到尴尬。这样的状态让她很困惑，她甚至想过自杀。

后来，婆婆无意间的一句话，让布朗太太彻底改变了。

那天，婆婆与布朗太太谈到教育孩子的问题。婆婆说：“不管怎样，我都让他们保持自己的本色。”保持本色，这几个字让布朗太太如梦初醒。她所有的痛苦，不正是没有保持本色，让自己适应一个并不适合自己的模式吗？

布朗太太决定恢复自我，她研究自己的个性、特色、优点，研究色彩与服饰的搭配，按照适合自己的方式穿衣打扮，结交朋友，参加社团组织，尽管社团的人数很少，可那毕竟是她开始融入集体的第一步。初次参加社团活动的她很担心，可之后每发言一次，她的信心就增加一分。尽管花费的时间颇久，可她很开心，这些开心是她从未有过的。

后来，布朗太太在教育自己的孩子时，也将自己的经历和经验告诉他们：“不管怎样，你们都要活出自我。”

布朗太太因为身材胖，以及儿时母亲为她灌输的思想的影响，让她成了一个唯唯诺诺，做人做事缩手缩脚的人。这本不是她的意愿，直到后来她自己领悟到展露真实的自我、坚持做真实的自我，才是最美最快乐的。自此，布朗太太才彻底地蜕变了。

每个人都有自己的特点，这就是我们生命中的那一段“沉香”。女人实在没有必要因为某些世俗的观念，放弃做自己。偶尔，我们需要在人生的舞台上扮演着不同的角色，甚至偶尔还要扮演自己并不喜欢的角色，我们以为这样会让自己获得成功，可以活得更快乐，殊不知在做这些的时候已经失去原有的一切。这与丢弃沉香卖木炭，又有什么区别呢?

我们总是在说，要做一个淡定的女人，淡定才会幸福。可淡定不是一天两天的工夫能修炼出的心境，它需要一个坚定而缓慢的过程，其中最重要的一点就是淡定地做自己。一个从贫困境遇中走出来的女孩，凭借自己的努力，最终创造出了一番成就，拥有了自己的公司。当记者采访她的成功经验时，她只说了一句话：“不去羡慕他人，守住自己的沉香。”

美国马里兰州薛顿精神病学协会的董事里奥·巴蒂梅尔博士曾说：“过去的人在晚上睡觉之前，常常有反省自己一天的所作所为的习惯。我认为现在它仍然是一个懂得如何善待他人和自己的好方法。”每个女人都有必要每天给自己留出一段时间去了解自己，审视自己，问问自己是个什么样的人，想要成为什么样的人，然后带着一颗坚定的心，朝着既定的方向走去。

像腊梅一样静静绽放

温暖的春日，它不与百花争艳丽；烈烈的夏日，它不与荷花斗芳香；金色的秋日，它不与菊花比美；直到进入百花沉睡的冬季，它才傲立于雪中静静盛开。世间有一些女人，犹如凌寒独自开的腊梅，不喜欢争抢，不喜欢出风头，她们以平和的姿态越过喧嚣的人群，可眉宇间一个不经意的眼神，嘴角微微上扬露出的微笑，却都能让人感受到她们独特的美。

腊梅一样的女子，与其说低调，不如说淡定。她们坚守着自己的原则，本本分分地做好自己的事，不去摘够不着的苹果，更不会怨天尤人。面对外界的纷纷扰扰、竞相出风头的情境，她犹如一个局外人一般，云淡风轻地看着，不会暗自窃喜什么，更不会以己而悲。平和的内心呈现出外在的优雅与从容，这种淡淡的气息，不会让她轻易被忽视，反倒让她更值得尊重。

刚刚进入公司时，她只是个不起眼的小人物，姿色和能力都很一般。她本本分分地做自己的事，身边的同事遇到了麻烦，她也会默默地帮一把，只是言语上从不张扬。

办公室里的女同事很多，聚在一起免不了会窃窃私语。她们的话题离不开男人、金钱、化妆品、衣服，每逢这时，她都只是闲来无事时“旁听”，从不多说什么。有些女同事会抱怨自己买不起高档的护肤品，抱怨自己的老公赚钱少，而她似乎从来没有为这样的事烦恼过。几套简单的基本款衣服，穿了几年依然不过时；护肤品她从没用过那些国际大品牌，只是挑选最适合自己的，与那些在脸上花了上万元的女同事们比，她的皮肤也不差。因为有了这份平和的心境，“讲究”的女同事们从来也没有拿她开过玩笑。

后来，公司要从内部选一名女助理，且三个月后可以到国外的总部考察。对于这个好机会，公司上下的女职员们跃跃欲试，尤其是那些漂亮的女同事们，更是用尽浑身解数要在竞选中胜出。那段日子，表面平静的办公室，私下里暗潮汹涌，人与人之间似乎多了一些隔阂。

对于这件事，她其实并不在意。若不是公司要求全体女士都参加，她宁愿放弃。看着别人私下为了拉票百般讨好周围的人，她仍然和往常一样，该做什么还做什么。别人求她支持自己，她总是莞尔一笑，不答应也不拒绝。她那种淡淡的态度，加之平日里那不张扬的行为，没有人拿她当竞争对手，她也避免了不少矛盾。

竞选那天，多少女同事盛装出席，推销自己，展示个人魅力。可她却还是往日里那一套通勤装扮，不卑不亢地把自己对于助理职务的看法阐述了一番，并对外出学习考察的计划以及目的、效用做了一份报告。她没有刻意哗众取宠地装扮，在艳丽的人群中显得那么平淡和朴素。

最后，令所有人意外的是，她获得了助理的职位。这个结果，她也没有想到。随之而来的，自然是闲言碎语，说她这么不起眼的人能够脱颖而出，肯定是背后用了什么手段。她不去理会那些闲话，安心地做着自己该做的事。她的淡定和沉稳，让那些对她颇有微词的人感到意外。上任后的她，还是过去那般亲和，不摆架子，平和地与下属相处，穿着打扮依旧简单大方，好像一切都没有变。

几个月后，那些关于她的流言蜚语没有了。她用自己的工作能力以及平和的态度，赢得了周围人的尊重。

有些女人愿意做冠压群芳的牡丹，有些女人愿意做不起眼的草花，还有些女人只愿意做花草旁的树。不出风头，不与人相争的女人，日子或许会平淡些，可她们却能过得更安心，更安全，少了许多不必要的纷争。内心淡定的女人明白，幸福有多种姿态，不做娇艳的牡丹，没有艳丽之姿，却可以拥有小草顽强的生命力，可以拥

淡定 | 寄语

眼睛如果还没有变得像太阳，他就看不见太阳；心灵也是如此，本身如果不美也就看不见美。

——普罗丁

有橡树不依附旁人的独立。

一日，夏丏尊来拜访弘一大师。当时，弘一大师正在吃午饭。午餐很简单，一碗白米饭，一碟咸萝卜干。看着这样的饭菜，又联想到大师出家前的锦衣玉食，夏丏尊不免有点心酸。他问大师："您不嫌这菜太咸吗？"

弘一大师说："咸有咸的味道。"

米饭吃完后，弘一大师向碗里倒了些白开水，涮了涮碗底的几粒米，一同喝下。要知道，大师出家前，饭后都有香茗一盏，今昔与往日一对比，夏丏尊更觉难受。他问大师："这么淡喝得下吗？"

弘一大师淡淡一笑，说："淡有淡的味道。"

咸有咸的味道，淡有淡的味道，一句多么淡定的禅语！心态平和的女人，不争、不躁、不悲、不怨，更知咸淡各有味，坚守着一颗安然自得的心。她们有气度包容周围的人事，那种优雅、从容和淡定，着实是一种简单、大气、深邃的美。

细细想来，人生不过数十载，把精力浪费在与他人争艳上，着实有些不值。玫瑰有玫瑰的艳丽，莲花有莲花的清美，小草有小草的青翠，平静地看待这一切，静静绽放自己的芬芳，无疑也是一种幸福的活法。

别人的美丽花园你不必羡慕

林语堂先生说："不管在什么情况下，幸福都是一种秘密。"

英国广播公司有一部叫作《保住面子》的系列剧，这部剧说的是：一个中产家庭的主妇巴凯特，总是观察邻居的生活，每次看到邻居有了收获，多了财富，社会地位提高了，就会觉得很不幸福。后来，这个邻居搬走了，新来的邻居没有之前的邻居那般幸运，整天病魔缠身，总是破财，看到这些之后，巴凯特又觉得自己太幸福了。

什么是幸福？确实是一个难以回答的问题。巴凯特与富裕的邻居比，总觉得不幸福；与生病、破财的邻居比，又觉得自己很幸福。她的境遇，从始至终没有发生过丝毫改变，不一样的只是比较的对象变了，内心感受也不一样罢了。

"站在这山望着那山高"，总是羡慕别人的幸福而慨叹自己的"不幸"，这也是很多女人常犯的错误。她们总是在羡慕别人的过程中，任自己的幸福和快乐悄悄地溜走。殊不知，每个人都有自己独特而珍贵的人生，别人有别人的幸福，你有你的快乐，消极而无节制的羡慕，只能让人自甘堕落。倒不如洒脱一点，随缘一点，说不定反而能获得意外的收获，只要你善于发现并懂得珍惜属于自己的幸福。

美好的工作、生活和情感，都离不开坚守。懂得坚守自己的"沉香"，学会豁达从容，经受得住各种挑战和考验的女人，才能够到达幸福的彼岸。倘若只是一味地羡慕别人，你不仅得不到幸福，总有一天还会失去自身所拥有的美好。况且，很多东西根本用不着去羡慕，因为你看到的可能只是真相的一角而已。

她是一位年轻的女歌唱家，30多岁就已经誉满全球，而且嫁得如意郎君，生活美满。

一次，她在邻国开个唱，入场券早早就被一抢而空。演出结束后，她与丈夫、儿子一同从剧场里走出来，顿时成为人群中的焦点。人们开始七嘴八舌地与她攀谈，其中不乏赞美和羡慕之词。说她刚刚大学毕业就能进入国家级歌剧院，出演重要角色；说她嫁了一个有钱的丈夫；说她有个乐观活泼的孩子……她听到了人们的议论，一言未发。

淡定｜寄语

人最忌讳跟别人比较，因为比较容易起分别心。分别心会使人产生贪、嗔、痴三毒，引导一个人不断追求，从而否定自己原来的生活。

——郑石岩

等人们说完之后，她才缓缓地说："我很感谢大家对我和我家人的赞美，但是你们看到的只是一个方面，还有另外的一面你们没看到，那就是你们所说的这个乐观活泼的孩子，他其实是一个不会说话的哑巴。他还有个姐姐，常年关在有铁窗的房间里，她有精神分裂症。"

这番话一出口，所有人都惊呆了。他们从未想到，风光的歌唱家背后，竟然会有如此悲惨的家庭遭遇。这时，歌唱家又笑着说："所以，你们不必羡慕我，因为上天给谁的都不会太多。"

是的，上帝给谁的都不会太多，每个人都有属于自己的幸福，也有深藏于心的痛苦与无奈。很多时候，女人之所以感觉自己不幸福，不过是看到别人享有的比自己多，看到世界上的很多东西自己不能拥有，无休止的羡慕、攀比之后，抱怨一声比一声沉重，由此而来的痛苦、忧虑、不幸，不就是自作自受吗？羡慕、攀比能够改变什么？只能是累了心，伤了身，蹉跎了青春岁月。

生活就像鞋子，别人眼里看到的永远只是款式、颜色，舒不舒服，唯有脚最清楚。所以，不要让别人的幸福涣散了你的注意力，也不要一直把目光盯住别人、羡慕别人。海鸟有海鸟的天空，鱼儿有鱼儿的海洋，别人有别人的不凡，你有你的精彩。站在山上放眼眺望山河的行者，背着一个行囊走走停停，让自然的风光洗刷掉内心的阴霾，那是他的快意人生；山间汗流浃背的挑夫，趁着歇息的工夫，拿草帽当扇子，饮一口小酒，吃几粒花生米，那是他的悠然自得。人生不需要太圆满，只要懂得这个道理，用心坚守属于自己的那一份幸福，心中自然也就不会有什么不甘和埋怨了。

法国哲学家、文学家萨特，长期生活在简陋的环境里，可他却创作了许多优秀的作品。这些作品，字里行间流露出法兰西的自由精神。萨特拥有巨大的财富，可他从未想过用钱来改变自己艰苦的生活，也从未想过改变自己的生活环境。外界的一切，政治、权贵、战争，丝毫没有影响到萨特。他活在自己丰富而高贵的精神世界里。萨特死后，为他送葬的巴黎市民站满了街道。人们说："天空中一颗智慧之星陨落了。"

我们不是哲学家，只是芸芸众生中的平凡女子，难以与萨特相提并论。但我们可以拥有一份淡然和超脱。钱钟书先生说过："一切快乐的享受都是属于精神的。"因为有了对淡定而充实生活的满足，才有了"采菊东篱下，悠然见南山"的陶渊明，才有了"一箪食，一瓢饮而不改其乐"的颜回……才有了世间一个个幸福的人。

所以，不必将眼睛向上看，别人的美丽花园你不必羡慕。生活赐予了你许多美好，同时也会给你一些遗憾，不必怨天尤人，这是生活的公平之处。带着这样一份淡然的心境去生活，那你就是最幸福的女人。

海为自己蓝，你为自己活

吴淡如曾经说过这样一句话："每个人心中都有一首歌，即便没有掌声，我们也能歌唱，也能取悦自己。"实际生活中，在面对林林总总的大小事时，真正能做到不去刻意权衡利益，不在乎物质的多少，真正听从自己内心声音的人又有多少呢？

有个年轻的女孩，一直渴望得到心仪男子的欣赏，可偏偏对方是一个非常挑剔的人。一连几次，事情都搞砸了。她既伤心又自责，向朋友倾诉说："我真的很想给他留一个好印象。我挑了好久才挑好要穿的衣服，脑子里一直想自己该说什么话，也计划了自己该做什么事。我本以为一切会很顺利，可没想到被愚钝的自己给搞砸了。现在，他一定在背后笑我是个笨女人。"

每个人多多少少都有那么一点虚荣心，都希望得到赞美。重视自己在别人心中的形象，看重他人对自己的评价，这无可厚非，做得适度也能够体现出一个女人的自尊。可如果过了度，做事只是为了得到他人的好感、好评，就有可能钻入不能自拔的牛角尖。

有一位年轻的女孩，一直希望证明自己的价值，可每当她鼓起勇气去做一件事的时候，只要周围人说一句消极的评价，她的热情和兴致顿时就会消失一半。渐渐地，她对自己失去了信心，甚至还产生了自卑的情绪。

后来，她向一位长者求助，希望能够得到一些启示，改变自己。她问长者："为什么别人努力过后总能得到回报，而我努力的结果却总是那么糟糕呢？"

长者笑着摇了摇头，说："如果你听到'芳香'两个字，你会想到什么？"

女孩思考了一会儿，说："我会想到蛋糕。我也开过一家蛋糕店，可是不久前停业了。到现在，我依然能够想到那些芳香四溢的甜品。”

长者点了点头，然后带着女孩去拜访一位画家，长者也问了画家这个问题。画家说：“芳香，让我想到百花争艳的野外，还有翩翩起舞的少女。这两个字，给我的创作带来了灵感。”

随后，长者又带女孩拜访了一位动物学家，也问了同样的问题。动物学家说：“芳香，让我想到自己正在研究的课题，自然界里很多动物都用身体散发出的芳香做诱饵，捕捉猎物。”

女孩不太明白长者的用意。见此情形，长者又带她去拜访了一位久居海外，刚刚回国来探亲的富商。同样，还是芳香的问题。富商动情地说：“芳香，让我想到了故乡的土地。”

辞别那位富商之后，长者问女孩：“现在，你已经看到不少有成就的人了。他们对‘芳香’的认识，和你一样吗？”女孩摇摇头，还是一脸的疑惑。

长者笑了，意味深长地说：“生活中，每个人都有与众不同的芳香，你也一样，有自己的芳香。为什么你不能像别人一样出色呢？那是因为你总是太看重别人眼中的‘芳香’，把生命浪费在别人的眼光里。”

有一位老人的笔记本上有这么一句话：“不必在意别人是不是喜欢你，是不是公平地对待你，更不要奢望人人都会善待你。”人们对一个人的反映如同多棱镜，不会一致说好，即便你做得再好，依然会有人挑剔。女人要学会看重自己的思想，不要太在意别人对自己的看法和评价，不为任何人失掉真实的自己，才能不受干扰，愉快地活着。

淡定 | 寄语

何必向不值得的人证明什么，生活得更好，乃是为你自己。

——亦舒

一天晚上，阿曼达正在弹钢琴，十岁的女儿走了进来。她听了一会儿，皱起了眉头说：“妈妈，你的钢琴弹奏得不怎么高明。”的确不怎么高明，任何认真学琴的人听到她的演奏都会退避三舍，可阿曼达并不在意。

一直以来，阿曼达都是这样不高明地弹着，弹得很开心。阿曼达还喜欢唱歌，偶尔还学学缝纫，后来做久了也像模像样了。尽管这些东西在别人眼里都算不上好，可阿曼达很知足，她不是为他人而活，只要自己开心，别人怎么看有什么关系呢?

诗人但丁曾经说过：走自己的路，让别人说去吧！人生中最宝贵的财富，就是丰富的生活经历。每个人都有独立的思想与意识，不同的人有不同的经历，如果太在意别人的看法，就无法活出自己的精彩。很多时候，把别人的挑剔看成是对自己的否定，有意或无意地去改变自己，实在是不明智的做法。毕竟，每个人站的角度不同，出发点不同，所得出的结论自然也就不太一样。所以，不管怎样，女人都要有自己的主张，别人的看法是正确的自然就接受，是错误的就没有必要理会了。

人活在世上，并非是为了要压倒别人，也不是为了他人而活。人活着，所追求的应当是自我价值的实现和自我珍惜，最要紧的是自己如何看，而不是别人如何看。如果一个女人追求的幸福是处处参照别人的模式，那么她的一生都会悲惨地活在别人的价值观里。

所以，从现在开始，别太在意他人冷漠的表情和窃窃私语，也不必费心思去揣摩别人如何待你，如何评价你，更用不着为了微小的得失、过错而懊悔不已，那不过是人生路上的一个小插曲罢了。多点豁达和超然，在平静喜悦中度过每一天，把时光留给自己，读两本自己喜欢的书，听两首自己喜欢的音乐，你会发现生活充满了阳光。

做回真正的自己吧！因为世界上那个最关注你的人是自己。放下心里的包袱，走自己的路，要记住，海为自己蓝，你为自己活。

寒冷不可怕，拒绝沉溺于暂时的温暖

置身于寒冷中，人都会不自觉地紧张和惊警，会本能地保护自己，把所有潜藏的伤害都拒之门外；而身处温暖中，却很容易让整个人的精神防线被摧毁，不知不觉地沉迷于其中，向温暖投降。就像南方大冰灾时，樟树的枝被压垮压断，却从未掉落一叶。它能够从容应对严寒，却在风柔雨润的春天，叶落纷纷。其实，生活何尝不是如此？安逸的生活，犹如一阵暖风。很多时候，习惯了安逸，就会身不由己掉进温暖的旋涡，不敢再面对生活的寒冬。

曾经在网上看过一篇帖子，讲的就是女人在能吃苦的时候，不要过早地选择安逸。

某公司招聘员工，有物业顾问类，即行销；有项目销售类，即坐销；有行政文员类。

每一次面试，主管人员都会发现一个现象：多数女人往往愿意做行政，其次是坐销，挑选行销的人寥寥无几。即便她们被告知物业顾问底薪最高，有提成，有晋升为经理的可能，转到行政部、项目部也很简单，她们依然不会改变自己的选择。也就是说，她们宁愿找一个相对稳定的、压力小的、清闲的工作，即便赚钱少，升职机会小，发展难，也不愿意选择一个有挑战性的工作。结果，主管人员表示，他们不会录用这样的女员工，哪怕只是做行政，因为她们没有事业心，也不会学习，除非公司恰好有一个紧急的缺岗。

这些女人，年龄不过25岁上下。在最能吃苦的时候选择了安逸，在最能学习的时候谈了恋爱，她们中的多数人都希望在30岁之前结婚生子，所以打扮、交友是她们全部的生活内容。享受青春的美妙时光，也是最吸引她们的，即便为此请假、辞职，也不会太当回事。

即使她们真的如愿嫁给了一个能够给自己安逸生活的丈夫，且日后可以不为工作的事烦恼，或是辞职回家做了全职太太，也未必能让幸福长久。想想看，全家的经济重担落到了男人身上，他们在事业上不断学习、努力，素质提高了，金钱和职位提高了，交际圈子越来越大。而女人呢？逛街、美容，带孩子，与社会越来越远，想要鼓起勇气再次迈入社会，可年龄不饶人，原来的基层工作她不能干，原来干不了的现在更干不了。慢慢地，她们也会烦恼。她想让老公耐心地跟她聊会儿，可他回家很晚，在外面应酬累了，到家也不愿意多说话。她觉得他不关心自己，他觉得她不可理喻。两个人在社会生活中的不同角色，使得他们产生了巨大的差异，共同语言越来越少。她当初吸引他的魅力，已经在岁月中逐渐褪色了，她的跋扈和神经质在他的眼里却越来越明显。这个时候，女人该怎么办？

淡定｜寄语

真正幸福的女人，必须具备以下大部分条件：情绪稳定，拥有独立思考能力，充实的精神世界，经济独立不依靠别人，觉知并适当地管理自己的欲望。

——素黑

相比之下，有事业的女人则不同。爱情不是她们生活的全部，她们会不断地丰富自己，和男人有较多共同语言，生儿育女不过是个小小的耽误，她们能够把家庭和事业的关系处理好。在男人眼里，有事业的女人才是美丽的，和这样的女人一起生活，乐趣不断。她们或许美得不是那么绚丽，但可以让你静、让你甜、让你敬。

文章的作者想告诉女人：如果老天善待你，赐予你一个能干的丈夫和优越的生活，那么你不要收敛自己的斗志；如果老天不够疼爱你，百般设障，那么你也不要磨灭了对自己的信心和奋斗的勇气。其实，这就是我们常说的女人要独立。不管你身处社会的哪个阶层，能够支撑自己生活的独立性都会成为你的身份证书。不管结婚与否，不管是否有一个强大的男人作为依靠，也不管是否有足够的物质作为保障，那些都不能证明你自身价值的存在。因为尊严和骄傲，从不是依靠别人来传递到你手里的。

英国前首相布莱尔当选首相之前，他的妻子切丽是家庭的主要经济支柱。切丽是一名律师，在唐宁街的10年里，她的律师薪金比首相的固定工资要高很多，她出版的《道出真我》一书，为她带来了200万美元的预付稿酬和数字惊人的版税收入。切丽的个人成就丝毫不逊色于布莱尔，她是撒切尔夫人首相竞选班子里的核心成员，曾经竞选过工党议员，对托尼·布莱尔竞选国会议员也给予了极大的帮助。

在相对保守的英国，人们希望首相夫人装扮得体地站在首相身边，可切丽恰恰不是这样。她总是以一头假发和一身黑袍出现在人前，那是她的“工作服”，她说衣服对自己的事业并非重要的事。当年，法国总统携模特出身的妻子来访英国时，切丽依然没有把女人与女人之间的交锋放在心上，她说：“那不会是一场公平的竞赛。我不认为我长得丑，毕竟我不是时装模特。”对于自己多年来在舆论中的得失，切丽更愿意把它们放在女性历史的大框架下去观察。她坚定表示“我就是我”，她说自己的外婆和母亲十几岁以后就不再读书了，而她相信自己是第一个拥有大学学历的首相夫人。

从首相夫人的位置上退下来之后，她又将自己重新定位为“为女性权利而战的十字军战士”，同时创建了“切丽·布莱尔基金”，希望集合众多女性精英的智慧，为需要帮助的女性贡献一份力量。

女人当为一颗幸福的树，要历经严寒，砥砺自己；要保持适度的饥寒生活，提振信心，壮大自己。就像切丽那样，有自己的事业，有独立的经济和思想，自己创造社会地位，这比口头上的尊严和高贵更为扎实。行走在纷繁的尘世间，女人应当不断地警醒自己：在清冷中保持头脑的清醒，拒绝向温暖投降，才能够笑看四季的风景。

找到适合你的那双鞋

扶芳藤是一种奇怪的植物，野生时它会占去大量的养料，让周围的果树全部衰败，而盆栽时它却能够净化周围的空气；速生桉也很奇特，它被人誉为“地下抽水机”，在澳大利亚生长得非常好，可在我国的一些地区，它却成了导致地下水短缺的“罪魁祸首”。

可见，每一种植物都有适合它生长的土壤与气候，就像牡丹不可能开在山峰上，杨柳也不会活在低谷下。植物如此，人事亦然。

欧娜逛街时，无意中看到了某专柜的鞋打五折，一双黑色漆皮、简单大方的鞋子吸引了她的眼球。她脑海里随即浮现出自己穿上这双鞋后的优雅之态，心中一阵欢喜。试了一下那双鞋，当时感觉还挺舒服，心想这双鞋合脚、鞋跟也不太高，比家里的那些鞋子都显档次，没有理由不收入囊中。

虽说是半价买的，可对她来说价格依然不菲。欧娜忍痛买了下来，如此贵的一双鞋，穿着合适又显气质，值得的。于是，这双鞋成了欧娜鞋柜里最昂贵的一双，买的时候已经是深秋，她只能等着来年春天再穿，只是闲来无事时还会在家里试穿一下。

终于，春天来了。欧娜穿上这双鞋，配上知性的套裙，对镜自照，顿时感觉自己优雅了许多。可是，穿上它的第一天，从家里走到车站，欧娜就觉得脚有点疼。她忍着疼痛，安慰自己说，新鞋都磨脚。一路忍痛到了单位，她实在有点受不了了，平日里穿那些跟更高的鞋子也没觉得如此难受，看来还是得磨合。可是，在公司忙了一天，走来走去的，欧娜觉得脚真要断了。下班时，她连忙换上了办公室里备用的一双舒适的鞋子，拎着这双昂贵的新鞋回家了。

欧娜有点不甘心，几天以后又穿上它，结果把脚后跟磨破了皮。她太失望了，买了一双昂贵却派不上用场的鞋，让她非常后悔。看着鞋柜里另外两双略旧的皮鞋，价格只是它的一半，可穿着很舒服，其中一双已经穿了三年。而眼前那双新鞋子，外观依旧是她最喜欢的，她也试图给脚上涂些润肤霜，让自己与它之间减少些摩擦，可依旧无用。

最后，欧娜把这双鞋永远收藏在鞋柜里了。这件事也让她明白了一个道理：即便鞋子很贵很好看，可当它成为自己的痛时，它于自己就是不合适的，宁愿舍弃。她需要的是一双可以包容自己的脚的鞋，能让她穿着走很远的路。别人穿上这双鞋也许优雅，放在自己的脚上会疼痛；别人的幸福放在自己身上，或许就成了埋葬自己的坟墓。适合自己的才是最好的。

从一双不适的昂贵鞋子身上，能够领悟到生活的真谛，这份昂贵也算是值得。其实，生活、工作和穿鞋子一样，不要盲目追求和别人一样的精彩，而要淡定地去寻找那个属于自己的位置，构筑一个可以绽放美丽的舞台。

别轻易小看自己，即便你只是芸芸众生中的平凡女子。要知道，幸福需要一段缓慢而坚定的成长，缓慢是需要时间的，而坚定就是自信。就像盆景工匠在为新种的小树做砌筑物填充时，会用到一堆大小不一、形态各异的鹅卵石，经过盆景工匠不断地对比、调整、取舍，不管什么样的鹅卵石，都可以找到适合自己的位置，成为填充的一分子，为装饰砌筑物发出自己的一份光，彰显出自己独特的美。

对于女人而言，职场是个成就梦想的舞台，而一份适合自己的工作，就是通往梦想舞台的捷径。只是有些时候，外界的一些因素，如荣誉、薪水、职位等等会干扰思绪，会让人脱离自己的轨道，作出错误的抉择。

A和B毕业后同在一家小型广告公司做设计。这家公司规模不大，可氛围却很好，同事之间没有太多的钩心斗角，工作中遇到麻烦大家都会尽力帮忙；老板待人也和气，对于下属的广告设计从不多加指

淡定｜寄语

我不喜欢那些下定语的称呼，被人称为美女，就不可以丑，被人称为才女，就不可以笨，这种生活太有局限性。不给自己设限，不接受他人的定论，这样可以活得更自如一些。

——辛唐米娜

责，就算是有意见，也会委婉地提出来。在这样轻松自由的环境中工作，两个初出茅庐的女生成长得很快，仅用了一年的时间，她们的不少创意作品就得到了业内人士的肯定。

慢慢地，开始有人“挖墙脚”，其中不乏4A广告公司。A有点心动了，她想到自己的才华需要一个更大的平台，很快就跳槽到了那家大公司。B仍然留在那家小公司里，她觉得这里最适合自己。

A到了大公司后，很长时间都适应不过来。那里的同事个个都是精英，经验和资历都比A丰富，且个个心高气傲，不好相处。老板也是个挑剔的人，但凡下属工作上有一点失误，他都会严厉指责，好几次让A当众下不来台。A在设计方面有什么不同意见，委婉地跟老板提出来，可老板却很不耐烦，反问A：“你说了算，还是我说了算？要不你来坐我这个位子？”弄得A心里很不舒服。

在这样一个环境里工作，A每天都要想着如何跟身边的人相处，过得小心翼翼。如此一来，投入到工作中的精力势必就少了很多，所以和过去的一年相比，她在工作上的进步很小。此时的B呢？一心一意在那家小公司做设计，仅仅一年之后，她的几个作品都已经在全国广告设计中获了奖。

说起为什么不愿意跳槽到大公司，B笑了笑说：“我不擅长与人交际，也不太喜欢拘束的环境，在那样的氛围里会影响我的心情和状态。我看重的是设计这份工作本身，不是公司的名气。”

两个年纪相仿、工作性质相同的女子，一个在外界的诱惑下盲目投奔了大公司，却没有料到人才济济的公司里竞争如何激烈，人际关系如何复杂，自己能否应付得来？最后让自己陷入进退两难的境地。另一个女子，却有一颗淡定而成熟的心，踏实地做着自己的事，不为那些优厚的条件所动，知道自己内心想要什么，更知道自己适合什么，最后一步步地实现了自己的理想。

人生复杂，百转千回。女人不能不顾一切去追求表面的东西，而忽略自己千辛万苦追求的东西是否真的适合自己。唯有找准自己的位置，才能在最适合的土地上生长，开出灿烂的花，结出丰硕的果实。记住：最好的未必是最适合你的，最适合自己的才是最好的。

做想做的事，去想去的地方

曾经看过一个国外的故事，心里感触颇深：

两个少年在厕所中相遇，其中一个男孩找另外一个戴帽子的男孩借了点手纸。出了厕所之后，为表感谢，借手纸的男孩给戴帽子的男孩点了一支烟，两个人边走边聊。

戴帽子的男孩说：“我最近很郁闷，家里人一直逼着我学钢琴，可我怎么也弹不好。”

借手纸的男孩说：“钢琴，一点都不难！我五岁就开始弹了，可烦恼的是家里人总逼着我写诗，天啊，我怎么写得出来？”

戴帽子的男孩一听，笑着从包里拿出了一沓稿纸，说：“这个给你吧！拿回去交差。我最喜欢写诗。”

你一定猜不到，那个不爱学琴的男孩，正是大诗人歌德；而那个不爱写诗的男孩，则是音乐家莫扎特。人，一定要做自己喜欢、自己想做的事，如此才能够快乐。或许，在此过程中会遭到周围的人或环境的阻碍，但我们不该为此放弃自己的意愿，有些事一拖延，可能就是一辈子。

日本最年轻的临终关怀主治医师大津秀一，在多年行医的经验基础上，在亲自听闻并目睹过1000例病患者的临终遗憾后，写下《临终前会后悔的25件事》一书。其中，有很多条都涉及“没有做自己”，比如没做自己想做的事；被感情左右度过一生；没有去想去的地方旅行；没有表明自己的真实意愿，等等。一个真正爱自己的女人，不会给人生留下这样的遗憾。她们不会因任何人的任何话，而改变“活出自我”的初衷。

小时候，她不喜欢跳舞，可在父母的严厉要求下，她还是硬着头皮学了。这一跳，就是十五年。

淡定 | 寄语

有时命运的戏谑就在于，你一直犹豫不决，等到终于下定决心，已经到了谢幕的时间。

——杨澜

高考时，她想报考旅游英语，在家人的强烈反对下，她还是屈服了，最后上了一所舞蹈学院。

工作后，她交了一个军官男友，父亲却不同意。抵抗不过父亲的百般阻挠，她最终还是妥协了，在亲戚的介绍下，和一个医生结婚了。

结婚后，她和丈夫本来有自己的一套房子，可公婆非要他们搬过去一起住。她知道婆婆是个挑剔的人，本不想和他们住在一起，怕生出什么矛盾，自己不开心，也惹婆婆生气。可耐不住老公的劝说，她还是强颜欢笑地和公婆住到了一起。

在别人眼里，她是幸福的。多才多艺，相貌出众，嫁了一个家境好的老公，还有公婆帮忙料理家务……这样的生活，多少女人求之不得。可是，她内心的苦楚又有谁知道？

三十岁生日的那个深夜，她想到自己过去的这些年里，似乎每一次重要的决定，都是别人替自己拿主意。这人生，仿似不是她自己的。那个做义工行走世界的梦想，那个曾在雨中为她撑伞的恋人，一切的一切，都成了无法触摸的梦……她背对着丈夫，流下了一行行眼泪。在咸咸的泪水中，她突然做了一个重要的决定：换一种活法，做自己想做的事，去自己想去的地方。

略萨曾说："我敢肯定的是，作家从内心深处感到写作是他经历过的最美好的事情，因为对作家来说，写作是最好的生活方式。"因为喜欢，所以快乐，沉醉其中乐此不疲，金钱和名誉，都是可有可无的附加值。若是束缚太多，无法做自己想做的事，久而久之一定会身心疲惫、无所适从。这个时候，应该学会让自己换一种活法，保持淡定，不为他人的言语和决定而改变自己的意愿，人生自会惬意无比。

我们经常听到有女人抱怨，如果当初怎样怎样，现在就能如何如何。可是，时间的大门一旦关闭就不可能再开启，人生就是一场单程的旅途，没有回头的路。生活太累，太多遗憾，就是因为给了自己太多束缚，不敢打破一切潜在的规则，找回真正的自我。学会把自己的感觉叫醒，放开心胸，放下种种担心和顾虑，勇敢地活出自己。快乐与幸福的秘密之一，就是在有限的生命里，选择做你喜欢的事。满足了自己在乎的事，才会觉得幸福，否则就算守着城堡、财富，都会觉得空虚和乏味。

趁自己还年轻，多看几本书，多去几个想去的地方，因为你还有着没被完全麻木的心，还可以被激励，还可以被感动。有些梦想，再不去闯，就永远只是个梦想。趁他还爱你，告诉他你的感受，跟他一起牵手旅行。趁自己还年轻，趁他还爱你，多制造一些美妙的回忆。

人生都太短暂，时间不等人，有些事情现在不做，就再也没有机会做了。问问自己的心，去爱自己真正爱的人，去做自己想做的事，去做最想成为的自己。

幸福的女人都曾经得住诱惑

一个人无意中获得了一张藏宝图，上面标明了寻宝的路线。他连忙准备好一切出行需要的东西，并随身带了几个大口袋，准备用它们来装宝物。

寻宝的路上，他蹚过了大河，走过了沼泽，斩断了荆棘，打跑了猛兽，终于来到了第一个藏宝之地。他看到宝藏发出闪闪的金光，没错，那都是金子。他连忙掏出一个大口袋，把所有的金子装了进去。就在即将离开这个宝藏时，他看到宝藏的门上有一行字：适可而止，知足常乐。

他笑了笑，心想，谁会那么傻，放着金子不要呢？于是，他扛着重重的口袋就往第二个藏宝地走去。这一路上，他累得够呛，可还是没舍得丢掉一块金子。终于，他到了目的地，又一堆金子出现在他眼前。他高兴坏了，想象着自己回到家后的风光情景，不禁有点兴奋，他没来得及休息，就把所有的金子又放进了一个口袋。当他离开时，又看到宝藏门上写着一行字：放弃了下一个屋子中的宝物，你会得到更宝贵的东西。

放弃宝贝还能得到更多？不可能的事。他心里想着，没理会门上的忠告，继续向第三个宝藏走去。这一次，他看到的不是金子，而是钻石。他的眼睛里发出贪婪的光，用双手一把一把地抓着钻石往口袋里放。突然，他发现钻石的下面有一扇小门，他想都没想就打开了门，带着几口袋宝贝跳了下去。本以为等着他的是更多金银财宝，可他怎么也没料到，那竟然是一片流沙。他在流沙里拼死挣扎，可是越挣扎陷得越深，最后他和所有的宝贝一同被埋在了流沙下面。

此人若能够看到第一个忠告就停手，如果在跳下去之前多想想，他也许就能平安地返回，成为一个生活无忧的富翁。可惜，他没能经得住诱惑，心中的欲望让他一步步地走向迷途，最终陷入流沙失去了所有。

在物欲横流的社会中，摆在女人面前的诱惑实在太多。想要保持心理的平衡，保持身心的纯洁，并不是一件容易的事。这需要女人有一颗淡定的心，一个清醒的头脑，能够坦然面对世间的诱惑，放弃眼前的私利，认清潜在的危险，不让眼睛被物质生活完全蒙蔽，不让心灵布满灰尘。聪慧的女人，都会在繁杂的世界里，找到一方可以容纳自己的净土，面对诱惑，虽然不能避开，可她们会用一颗平常心去享受平淡的生活。如此，再大的诱惑，也只是过眼云烟。

茉莉的家境不好，读大学的钱都是父母东拼西凑而来的，大学毕业后，她很快就到南方一家小公司上班了。公司的规模不大，给的薪水也不高，可茉莉很知足。她平日里穿得简单，化妆品也是用最平常的，尽管没法与周围光鲜亮丽的同事相比，可对于这样的生活她并没有任何怨言，能够给父母减轻负担就是她莫大的快乐。

若说漂亮，茉莉的确谈不上，可她有一股清新纯净的气息，配上瘦弱的身躯，总让人忍不住想要保护她。在公司里，茉莉很低调，她不与人攀比，也不攀高枝，更没有让大城市的繁华抹去内心的简单与纯净。当周围的小姐妹看到茉莉还是当初那副学生样的时候，纷纷嘲笑她。可是茉莉不在乎，她觉得自己就是自己，为金钱、地位出卖灵魂、肉体和青春的事，她断断不会做。

文峰是茉莉所在公司的一个大客户，他与茉莉有过几次接触，出人意料地是，常被人忽略的茉莉，却给文峰留下了深刻的印象。他发现，别的女孩都很注重打扮，而茉莉的一身装扮却非常简单、素雅，甚至整套行头不超过200块钱。这个25岁女孩的身上，依然有股校园里的清新气息。

就这样，文峰对茉莉有了好感。随后，他也利用各种办法，想要俘获茉莉的心。买花、送礼物、邀请她吃西餐、看电影，多少女孩子梦寐以求的事，茉莉却不为所

淡定|寄语

她不诱惑，也不受诱，如她在人生的盛宴里，不醉，也不劝人醉。她知道生命的甘味，在于浅尝辄止。而令来自花朵的啤酒，结出最丑陋剧毒果实的，是无尽的贪杯。

——叶倾城

动，还很礼貌地回绝文峰："对不起，文总，我不能够接受您的好意。"文峰有点沮丧，也有点好奇，他从来没有遇到过这样的女孩，竟然真的能看淡名利，没有丝毫的虚荣。文峰没有放弃，他开始更深入地去了解茉莉。渐渐地，他发现这个女孩很少逛街，衣服也不多，不去泡吧，反倒经常下班之后去书店看书。文峰更喜欢茉莉了，他觉得这个年代像茉莉一样的女孩，实在太难得。

一年的时间里，文峰对茉莉依旧很好，只是他不再送那些玫瑰，而是送一些书，和茉莉一同参加书友会。茉莉被文峰打动了，最终嫁给了他。后来，文峰问茉莉："为什么我追你时，你要拒绝呢？换成别的女孩，早就接受了。"茉莉淡淡地笑着，说道："小时候，我妈妈就告诉我，女孩子要像明珠一样，混于泥土却依然光洁明亮。"

茉莉，人如其名，散发着淡淡的幽香。可她有时候更像是一朵小荷，出淤泥而不染，濯清涟而不妖。在充满诱惑的、满是污泥的大荷塘中，茉莉却可以从容淡雅地面对一切，在滚滚红尘中淡然自若，不为物质名利所动，这样的女子无疑是世间一道别样的风景。

身处纷繁世间，诱惑无处不在。贪欲会让女人丧失理智，迈进罪恶的深渊。如果不懂得节制，欲望又会化为人生的一杯毒酒，可能不会即刻致命，却会逐渐侵蚀掉生命的光芒。这世间美好的东西太多，女人一定要清醒地知道什么是自己所要的，什么是自己能够得到的。得到的安然处之，得不到的泰然处之，宠辱不惊才是女人面对诱惑最好的心境。

用一颗淡定的心欣赏自己

卡耐基曾经说过一段耐人寻味的话："发现你自己，你就是你。记住，地球上没有和你一样的人……在这个世界上，你是一种独特的存在。你只能以自己的方式歌唱，只能以自己的方式绘画。你是你的经验、你的环境、你的遗传造就的你。不论好坏与否，你只能耕耘自己的小园地；不论好坏与否，你只能在生命的乐章中奏出自己的发音符。"

微安，某知名企业主管，典型的"白骨精"，学历、收入、容貌都出类拔萃，人也很自信。她总是对身边的人说自己如何成功、如何幸福、如何满意。若不是公司安排她来上心理课程，她说自己坚决不会来。

心理课程上有一项训练：神仙岛之旅。微安的反应非常强烈：她看到惊涛骇浪和黑压压的乌云，四周荒无人烟，甚至连一棵树都没有，她感到无比恐惧和孤单。她想象着自己是一只小鸟，却无法飞越海洋，不是被浪涛吞噬，就是被风卷走。后来，在导师的帮助下，微安才安全抵达神仙岛。可惜，这里一点都不美好，她看到的不是山石就是陷阱，孤立无援的微安，独自在苍茫大地的中央，她哭了。

导师花了一个多小时，才帮助微安驱散头顶上的乌云，让她打败了岛上凶猛的野兽。神仙岛重新恢复了平静与安宁，微安成了岛上的国王，还赢得了一份爱情。

课后，微安独自找到导师，问导师为何自己会看到那样的场景，而其他人看到的却是温馨的画面。导师问她："你在公司里的感觉是什么样？和你刚刚看到的场景像吗？"微安愣住了，她突然明白了，原来所谓的"神仙岛之旅"中所体会的一切情绪，不过是我们潜意识里对现实生活的真实感受。

> **淡定 | 寄语**
>
> 是的，我很重要。我们每一个人都应该有勇气这样说。我们的地位可能很卑微，我们的身份可能很渺小，但这丝毫不意味着我们不重要。重要并不是伟大的同义词，它是心灵对生命的允诺。
>
> ——毕淑敏

微安沉默不语。许久，她才告诉导师，自己很小的时候父母离异，她完全是靠自己的奋斗和课余时间打工才读完了本科，后来又取得公费留学的资格。工作后，她的美丽引起过其他人的嫉妒，曾经谈过两次恋爱，也以失败告终。为了保住自己的职位，她明知老板打她主意，自己却虚与委蛇，为此没少招白眼和闲话。她一次次告诉自己，我很幸福，也告诉别人她很幸福，可这一次的“神仙岛之旅”却揭穿了她的谎言，潜意识是不会骗人的。

导师告诉微安：你是你自己的，你的一切都不必取得别人的认可与欣赏，即便这个“别人”是你心中的另外一个自己。微安看着导师，什么也没说，可她心里却有了答案。

几天后，微安辞职了，去了一家薪水不高的国企，还交了一个收入普通的男朋友。或许在某些人眼里，微安不再欣赏自我了，甚至变得“傻”了，可是微安心里很清楚，她听到了内心的呼唤，如今的她或许不那么扎眼，可与过去相比，她更欣赏现在的自己，因为这是最真实、最放松、最快乐的微安。

生命没有高低贵贱。一只蜜蜂和一只雄鹰相比，虽然微不足道，但它可以传播花粉，从而使大地生机盎然。从前的微安是活得违心、假装快乐的职场达人，现在的微安是平平常常、真实快乐的普通女子，前者显然有着夺人眼球甚至惹人嫉妒的美丽，而后者有的却是内心深处对自己的接纳与欣赏。

放眼望去，大千世界里的女人们，总是习惯欣赏、赞叹别人，在羡慕之余有人自惭形秽，有人东施效颦，却很少有人懂得欣赏自己。或许，你曾懊恼自己没有良好的家境，可为何不看看，如今你拥有的那一双能够独立飞翔的翅膀呢？或许，你曾后悔自己在过去的人生中留下过太多遗憾，可为何不看看，如今的你更懂珍惜呢？或许，你曾烦恼自己没有出众的相貌和身材，可为何不看看，如今的你也有了另一番知性的气质呢？学会欣赏你的优点，你的思想，你的文字，你的潜力，你的性格，你的品质……这一切都能让你散发出无与伦比的光芒。

欣赏自己是一种由内而发的自信姿态，而不是华丽的外表和他人艳羡的目光下的那个自我形象。欣赏自己，就该在无人为你鼓掌的时候，给自己一点鼓励；就该在无人安慰自己的时候，为自己擦掉泪滴；就该在自惭形秽的时候，给自己一点自信。然后，丢掉昨日的疲惫和伤痛，抚平昨日的痛苦和伤痕，去迎接新一天的太阳，走向一个风和日丽的清晨。当你学会欣赏自己，认识到自己的价值，就不会根据别人的看法嫌恶自己、贬低自己，不会按照别人的标准来生活，也不会感到压力重重。

当然，欣赏自己不是自视清高，也不是孤芳自赏，而是在平凡中发现自己的独特魅力。你看那春寒料峭中的冰凌花，它从来没被人像牡丹那样地宠爱过，而它仍旧义无反顾地迎着寒风倔强地开着。天底下的至香至色，只愿与清寒相伴。不卑不亢，落落大方，才是一个淡定女人最美的姿态。

第3章 心若安好，便是晴天

——把世界放在心外，生活便不会带走什么

身处繁华喧扰中的女人，
要照顾好自己的那颗心。
一颗躁动的心，
无论幽居于深山，
还是隐没在古刹，
都无法安静下来。
唯有平复躁动的心，
才不会为尘世的一切所迷惑，
女人永远要谨记：心若安好，便是晴天。

人生苦短，别为小事烦心

在某座山坡上，躺着一棵大树的残躯。据说，这棵树有四百年的历史，它曾经被闪电击中过十四次，每次都安然无恙。可谁也没想到，如此顽强的生命，竟然因为一小队甲虫的咬噬，而永远地倒下了。那些甲虫从它的根部向里咬，起初大树没什么感觉，可时间久了却伤了元气。就这样，一棵活了几百年的老树，没有在岁月中枯萎，没有在风雨雷电中倒下，却被小小的甲虫摧毁了。

生活就像那一棵大树，免不了要经受岁月的磨炼，更少不了风雨的洗礼，但这些是生命成长的必经之路，也是锤炼心灵的过程。就像人们常说的，流过泪的眼睛会更明亮，经过洗礼的心灵会更坚强。但是，生活经不起小事的折磨，鸡毛蒜皮的繁琐事如同一只只甲虫，看似不起眼，却会在不知不觉中慢慢消耗人的心智。做女人应该学得大气一点，凡事不要太较真，认死理。太认真了，就会对什么都看不惯，会一步步地把自己逼入绝望的深渊。

有个女人夜里做了一个梦，看见一个衣着华丽、头戴白帽的贵妇人与她发生了口角，那个女人不仅辱骂她，还向她的脸上吐口水。第二天，她闷闷不乐地对朋友说："我从小到大还没有受到过别人的侮辱，可昨天夜里却被人辱骂并吐了口水，我很生气。你说这梦，是不是有什么暗喻啊？我一定要找出这个人来。"

自那以后，她就变得神经兮兮的，对周围的女同事、女上司、女性朋友都妄加猜疑，看见谁穿得华丽、戴白帽子，或是与之有一点牵连，她都觉得对方就是噩梦暗喻的那个人。慢慢地，周围的人对她都疏远了，谁也不愿意跟一个终日胡思乱想、对谁都不信任的女人交往。

看到这个故事，或许你会觉得这个女人太愚蠢。不过是一场梦而已，如此平常的小事，竟然也能让她变得敏感多疑，无端地揣测和防范起周围的人来。世人常说：烦由心生，庸人自扰。生活中的很多事情，原本不值得心烦和计较，只是我们习惯了把它无限放大，太当回事，给自己制造烦恼。若能学着用一种包容平和的心态去面对，学会看开、看淡、看远、看透、看准，人生就不会缺乏快乐。包容了一个苦难，就能拥有一次超越自我的契机；包容了一个人的瑕疵，心灵就多一份舒适；包容了一个人的愤怒，就拓宽了自己的胸襟。为那些丝毫没有价值的小事伤神，实在是不明智。

淡定 | 寄语

做人要含蓄点，能饶人处且饶人，不必斤斤计较，水清无鱼，人清无徒，谁又不能跟谁一辈子，一些事放在心中算了。

——亦舒

安娜是一名职业校对员，她曾经校对过许多著名刊物，比如北美航空公司的《飞行员手册》，联邦基金会的《行业教育研究报告》等等。大概是职业的原因，安娜在生活中也会不自觉地去检查单词拼写和标点符号有没有什么错误。听别人说话时，她最关注的不是内容，而是别人的发音是不是正确，停顿是不是得当。好几次，她都因为太纠结于这些小事，而遭到了朋友的白眼。

对此，母亲告诫她："安娜，你太把那些小问题当回事了。不要盯着小飞虫，而忽视了大骆驼。多想想他们说的那些有趣的事，多听听他们在向你倾诉什么烦恼，你会更受欢迎。"

一日，安娜到教堂做礼拜。牧师在朗诵一段赞美诗的时候，安娜突然发现他读错了一个单词，这让她觉得浑身不自在，她心里有个声音一遍一遍地念叨："他读错了！牧师竟然读错了！"这时，一个小飞虫从安娜的眼前慢慢飞过，她耳边突然响起母亲的声音："不要盯着小飞虫，忽视了大骆驼。"想到这里，安娜笑了。自己怎么能因为牧师读错了一个单词，而忽视如此美妙的诗呢？

仔细想想，其实每个人都渴望做得最好，可事实上谁也无法把现实中的事做到和想象中那样完美，或多或少都会留下遗憾。如果只顾着那一点瑕疵，就会让悔恨、遗憾、抱怨充满整颗心，再无暇顾及剩余的那部分美好，即便美好的东西远远多过于遗憾。

英国著名作家迪斯雷利曾经说过："为小事生气的人，生命是短暂的。"淡定的女人，一定理解这句话的含义；而那些经历过岁月风雨的女人，对它的理解会更深刻。人生短暂，为小事生气不值得，为小事浪费时间、消耗精力无疑是变相地折磨自己。生命中美好的东西还有很多，值得我们去在意、去珍惜的东西也很多，因为小事影响情绪、影响生活，那么一生还有什么快乐可言呢？

最专制的沙皇俄国凯瑟琳女皇二世，看到厨子把饭做坏了的时候，没有大加指责，反倒是付之一笑。她心里清楚，一日三餐，若终日为此发怒，恐怕每天都免不了要与愤怒为伴了。无独有偶，罗斯福夫人刚刚结婚的时候，每天都在担心，因为她的新厨子做饭做得很差。多年后，回忆起这件事，她说："如果事情发生在现在，我一定会耸耸肩，把这事给忘了。"

生活中少不了鸡毛蒜皮的小事，想要克服被小事引起的困扰，学学凯瑟琳女皇二世和罗斯福夫人，付之一笑，耸耸肩，把目光转向别处，淡定的女人就是这么洒脱。一位作家曾说："过去我在写作的时候，常常被纽约公寓照明灯的响声吵得快要发疯。后来，有一次我和几个朋友出去露营，当我听到木柴燃烧的爆裂声时，突然想到，这些声音和照明灯的响声一样，为什么我会喜欢这个声音而讨厌那个声音呢？回来后我告诫自己，火堆里木头的爆裂声很好听，照明灯的声音也差不多，我完全可以蒙头大睡，不去理会这些噪音。结果，头几天我还注意到噪音的存在，可不久我就完全忘记了。"

不要为了小事而苦恼、伤心和愧疚。你越是抓紧那些小事，内心苦闷的情绪越不能释放，不如试着放松自己，不去在意身边琐碎的事，如此你会发现，原来生活是这么的精彩。

把心放在可以安定的地方

生活如同一片汪洋大海，人只是大海上的一叶扁舟。大海永远不可能有风平浪静的时候，人生也是喜乐参半。生活中，每个女人都或多或少会受到情感、家庭、工作的困扰，当烦恼如同海潮一样袭来时，失意、迷茫、恐惧、焦虑触动着心灵的每一根神经，让她们烦躁不安，甚至想要逃离人群，到陌生的地方寻求难得的清静。殊不知，内心不安宁的人，永远也找不到清静之地，不管走多远，走多久，也难以找到那一片乐土。

一位虔诚的女子，每日都在自家的花园里采撷鲜花，拿到寺院里供奉。

某日，当她正把花送到佛殿上时，碰巧遇到了老禅师。老禅师见此情景，欣喜地说道："施主每天都如此虔诚地以花供佛，来世定能得到庄严相貌的福报。"

女子听后喜出望外，连忙说道："这是应该的。我每天到寺里拜佛，觉得心灵就像洗涤过一般清凉。可一离开这里，心里就烦乱。我是一个家庭主妇，每天生活在喧嚣的城市里，如何能够保持一颗清净之心呢？"

老禅师笑了笑，反问女子："你以花献佛，想必对花草总有些认识。那么我问你，你家里的花是如何保持新鲜的？"

女子一本正经地回答："这个很简单，每天要换水，换水时把死梗剪掉一截。因为花梗在水里容易腐烂，若是不剪掉，水分就难以吸收，花很快就凋谢了。"

老禅师道："保持一颗清静之心，道理也如此。生活的环境就像是瓶子里的水，我们就是花，只有不断地净化身心，改变气质，不断地忏悔、检讨、改过，才能够吸收大自然的食粮。"

女子点点头，感激地说：“谢谢禅师的开示。希望以后有机会能够拜访您，过一段寺院中禅者的生活，每日享受晨钟暮鼓，在菩提梵唱中感受安宁。”

老禅师笑道：“呼吸便是梵唱，脉搏跳动就是钟鼓，身体就是庙宇，两耳就是菩提。人生何处不宁静？何必等机会到寺院里生活呢！”

热闹场中也可以作道场，只要自己愿意丢下妄缘，抛开内心的杂念；如果不能摒弃妄念，就算身处深山古寺，一样无法修行，因为心不静。就像六祖慧能说得那样：不是风动，不是幡动，仁者心动。

的确，并非外界的纷扰搅乱了心，心不安宁才是无法淡定的根本。名誉、地位、财富、学历的欲念，冲击着脆弱的心灵；兴奋、快乐、幸福、自豪的感受忽隐忽现；烦恼、压抑、懊悔、自卑的情绪不时出现。面对这些干扰，唯有让烦躁的心宁静下来，才能够体悟到生活的美妙。

美国哲学家、文学家罗斯·李普曼年轻时，曾经遇到过一位长者。长者让他列出人生中最美好的事物，于是他把内心向往的爱情、才华、权力、财富和声望等逐一写在了纸上，并自以为这些已是生命中不可或缺的美好事物，可谓是一份完美的答卷。长者看过后摇摇头，说里面少了一样最重要的东西。如果没有它，你所写的这一切都会变成可怕的痛苦，变成人生中难以承受的负担。长者将他所有的答案划掉，然后郑重其事地写下了四个字：心灵宁静。

长者的答案，让罗斯·李普曼如梦初醒。这个世界上，拥有健康和名望的人很多，可唯有心灵的宁静才是上帝赐予人们的最后恩典。而绝大多数的人，一辈子都未必能够得到这份厚爱。长者的教诲，罗斯·李普曼一生铭记于心，也最终让他成了一位真正的智者、牧师和心灵导师。他用自己的人生感悟告诉世人：任何财富都无法换来内心的安宁。即便没有外在的物质，也可以

淡定 | 寄语

女人真正的幸福并不能靠一个家，一个男人，一张婚纸带入心的。说带入心，是指从内心感受平静喜乐的福气，而非众所周知刹那光辉的表面虚荣。名利、地位、物质、财富都可以带来快乐，但并不保证安心和满足。

——素黑

让心灵安详、富足。只要内心是安宁的，生活再苦再累，也阻挡不了追求幸福的乐趣；一旦心灵充满躁动和不安，拥有再多，生活也索然无味。

纷繁复杂的世间，不少女人也是如此，太过注重表面的物质生活，而忽略了内心的感受。久而久之，生活变得越来越浅薄，心灵变得越来越不安。因为物质上的富足，掩盖不了心灵的慌乱和空虚，为了填充这种空虚的感受，她们又会拼命忙碌，试图用更多的财富积累来掩饰。于是，生活陷入了一个怪圈，很累很焦虑，却又找不到出口。

一个女人在感情上遭受了挫折，情绪低落，日渐消沉。一日，她独自到海边散步，碰巧遇到了以前的一位好友，这位好友是一名心理医生。

女人开始滔滔不绝地向朋友倾诉自己的苦恼和悲痛，希望朋友可以帮她解脱，斩断内心的纠结。朋友在一旁安静沉默，好像没有听见她的诉说一般，眼睛一直看着远方的大海，直到女人说得累了暂时闭口，她才自言自语地说道："帆船遇到了满帆的风，走得可真快呀！"

那个女人望了一眼海上，见一艘帆船正乘风破浪地前进着。她没在意，以为朋友没有听到她刚才的诉说，不懂她的意思，便又一次把自己感情路上遇到的种种坎坷，以及现在的痛苦、烦恼说了一次，只是这一次的语气比刚刚重了不少，还多了点哀怨的味道。

那位心理医生朋友好像在听，又好像什么也没听见。她不顾身边这个近乎发狂的女人，依旧望着海上的帆船，自顾自地念叨："你还是想想办法，怎么让一艘行走的帆船停下来吧！"说完，她就转身离开了。

消除生活乃至生命的苦恼，并不在苦恼的本身，而在于有一颗安宁、豁达的心。唯有止息心的喧嚣，才不会被外在的烦恼所困。想要彻底摆脱烦恼，在于自我意念的清静，就像故事中那位心理医生说的那样，在满风时让帆船停下来。

生活总会有涟漪，不管生活给予我们的资源多么匮乏，不管外面的世界多么喧哗吵闹，只要用宁静做心的屏障，把世界放在心外，生活便不会再有那么多的烦恼。何况，人生本就短暂，即便不快乐，也该学会平静，真的没有必要为自己栽培苦涩。

心若美丽，粗茶淡饭也幸福

同望着一片天空，有些女人抬头望见的是遮挡住阳光的云层，有些女人却可以透过云层感受到一望无际的蔚蓝；同走进一片树林，有些女人看到的是地上的落叶和野草，有些女人看到的却是清新的自然风光；同处在重视虚荣的环境中，有些女人会因别人身上的珠光宝气而自惭形秽，有些女人却能从容自若地走过人群，不怯懦、不自卑。

可见，幸福是一种心态，一种源自内心的美好，一种触手可及的快乐感觉。淡定而幸福的女人，总会在波澜不惊的平常日子里，体会不经意间掠过发梢的温柔，感受彼此间信赖的守候，哪怕只是粗茶淡饭也能够吃出别样的味道。

十几岁时，她就失去了母亲。作为家里的长女，她帮着父亲把三个弟弟妹妹带大，还供他们读了大学。结婚后，她和丈夫做代课老师，拿着微薄的薪水，既要维持生计，又要照顾体弱多病的公婆。一路走来，她吃了很多苦，受了很多委屈，可她从来没有抱怨过。相反，有她的地方就有爽朗的笑声，从来没有人看到过她愁眉不展的样子。

为了支撑这个家，她和村里人商量，租了人家不愿耕种的田地。每天下课之后，她就到田里做农活。田里产的粮食和蔬菜，自己吃不完的她就拿到集市上去卖。每天晚上，她要备课，要照顾公婆，还要哄两个年幼的孩子睡觉。她每天要做的事很多，可不管多忙她都不会影响工作。在学校里，她的教学能力和对待学生的热心劲儿，大家有目共睹，尽管是代课老师，可丝毫不比正规学校出来的老师差。她教的那个班级，成绩每年都是第一。得空的时候，她还会组织孩子去郊游。后来，她参加了民办教师转正考试，得了县里的第一名。

她说，日子过得清苦点没什么，一家人开开心心地在一起，我就很知足。上课时，看见孩子们那充满渴望的眼神，心里也有一种难以言表的幸福。人不是有钱才幸福，心里的踏实感和幸福感，多少钱也买不来。

淡定 | 寄语

幸福不喜欢喧嚣浮华，常常在暗淡中降临，贫困中相濡以沫的一块糕饼，患难中心心相映的一个眼神。

——毕淑敏

生活清贫而内心富足的女人，更容易体悟到生活的美好，哪怕只是一个细微的幸福，也能够将其无限放大。若是物质丰裕、内心贫瘠，则会时常令人感到疲惫不堪，华丽的外衣下包裹着的不过是一颗欲望之心。无论走到哪儿，流露出的只是苍白冷漠的眼神，内心也总是蠢蠢欲动难以安宁。

有人说：生活原本是一杯水，贫乏与富足，权贵与卑微，不过是个人根据自身情况为生活添加的调味剂罢了。有人爱刺激，把它做成多味酱；有人喜欢甜蜜，给它加点糖；有人喜欢醇香，便把生活泡成茶；有人喜欢苦中作乐，便把它冲成咖啡。当然，也有人就喜欢淡淡的白水，什么也不加，安心享受原汁原味的生活。在她们眼里，只要心美，一切皆美；只要心不苦，怎样活着都是幸福。

在别人眼里，她是一个素雅淡然的女人，举止优雅，神态自若，脸上总带着幸福的笑容。曾经有人问过她，多年来为何能够一直如此？她微笑着讲述了自己的经历。

年幼的时候，每次过圣诞节她都会哭闹一番，她不明白为什么自己得到的礼物总是最少，而周围的伙伴们却能得到更多。当时，正赶上经济萧条的时候，只是作为一个小孩子的她并不明白，她只知道像圣诞节这样的“大日子”，好孩子就该得到更多的礼物，而她一直以来都是个乖孩子。

当时，她的父母在经济上很困难。父亲在煤矿做工，生活的压力让他变得异常烦躁，很难接近。母亲只好耐心向她解释，为何圣诞节只有很少的礼物。提起母亲当时说的那番话，她总觉得好笑，妈妈告诉她：“我们的袜子上有个洞，这就是为什么圣诞老人没有给我们太多礼物，因为它们都被漏掉了。”其实，袜子上有没有洞，她当时还真的不知道，因为每年过圣诞节，她最大的愿望就是能够收到一双新袜子。直到她长大成人，完全明白了生活是什么样时，这个愿望依然没能实现。

困苦的经历，并没有影响到她日后对生活的热爱，她逐渐地明白，不只是袜子上有个洞，生活也有一个洞，很多渴望的、追求的东西，常常也会从中漏掉。起初，她还觉得有些失望，可是很快她就从“袜子的小洞”中领悟到了一个哲理：袜子上的小洞让一件件小礼物漏掉，是因为自己太关心那些东西了，生活中的不开心、烦恼、痛苦、悲观、绝望，也是如此。这些年来，漏掉的小东西不少，但是那些重要的大东西还留在身边，它们是无法从袜子的那个小洞中漏掉的，比如爱、欢乐、笑声、家人、朋友、工作，它们都是“大东西”，都是最值得我们珍惜和感激的。

林清玄曾说：“心美一切皆美，情深万象皆深。”一个女人的内心是美丽的，她眼里的一切都是美丽的；一个女人的情感是深厚的，她会觉得世间万物都很深刻。世界上的万物，没有一样是不美好的，即便是破洞的袜子，它也是漏掉累赘留住幸福的网。

生活如同一杯白开水，清澈透明，淡而无味。你加入什么调料，就能喝出什么样的味道；你加入什么颜色，呈现在眼前的就是什么颜色。日子不怕淡，就怕自己把白水熬成苦药或毒药，若是用心品味，用心欣赏，你会发现平淡如水的生活里一样蕴藏着幸福，一样可以折射出太阳的光芒，绽放五颜六色的璀璨光彩。

不要让嫉妒毁了淡定的心境

她是一名女性心灵导师，谈吐举止都带着一股优雅的气息，那种与世无争、安然自若的样子，着实令每一个见到她的人折服。一次活动中，她曾问在场的女性："如果你身边的女友模样漂亮、身材姣好、事业成功、爱情美满，你会是什么感受？"多数女人都说："我当然会为她高兴了，我也能够沾沾光嘛……"她听着这些答案，没多说什么，只是讲述了一件她在大学时代经历的事。

"临近毕业的时候，寝室里的某女生找了一个经济条件很好的男友。那段日子，她简直就把寝室当成了舞台，在我们面前表演时装秀，每天换着不同的名牌服装、鞋子、包包，好像真把自己当成了公主。校庆晚会的前夕，她的男友送了她一件非常华美的晚礼服，晚会前的那个中午，我一个人在宿舍里，不知道哪里来了一股邪火，看着她挂在床头的晚礼服，越看越生气，最后我竟然拿起口红，在衣服上面玩起了涂鸦。原本，我以为寝室里的姐妹们会骂我疯了，指责我，可当那个女孩拿着衣服哭着跑出去时，其余的人你看看我，我看看你，竟然都大笑了出来。"

如此温文尔雅、淡定安然的一个女人，曾经竟也被嫉妒冲昏了头脑。在场的女性们笑过之后，也都沉默了。其实，嫉妒之心每个人都有，不管你承认与否，它都客观存在，这是人类的一种心理本能。看到别人比自己强，或是原来不如自己的人超过了自己，心里就会有一种失落感，这时嫉妒就会像虫子一样在内心蠕动。不一样的是，有些人易于表露，有些人善于掩盖；有些人会把嫉妒化为动力，有些人则任凭嫉妒变成心中的毒刺。就像希腊神话中的雅典娜，看见阿拉克涅的刺绣那么细致生动，而自己的则很粗糙，便妒性大发，不仅撕碎了绣品，还把阿拉克涅变成了蜘蛛。

嫉妒是正常的心理状态，一点也不可怕，可怕的是女人不能正视它。如果能够把嫉妒化为一股动力，让消极的情绪变得积极，反而能拥有精彩的人生，这一切都取决于自己。一位女作家曾说：“如果没有对同学的嫉妒，我也许永远都是一个名不见经传的三流编辑。可是当我看见自己大学时的一个同学在电视上又是做访问、又是签名售书的时候，我突然嫉妒得无法控制，但是最后我还是化嫉妒为力量，因为我坚信，她能做到的，我也一定能做到。”

把嫉妒变成动力，无疑是应对嫉妒心理的一剂良方。当自己忙碌起来，让心灵充实起来，便无暇去嫉妒别人。把时间和精力用在学习、工作上，嫉妒的毒素就会被抑制、扼杀。就像文章开篇说的那位心灵导师，如今的她心淡如菊，但这种状态并非生而有之，她也曾被嫉妒之火烧过，也曾冲动过，只不过在后来的人生中，她逐渐认识到这一点，也开始不断地净化自己的内心，懂得如何排遣负面的情绪，疏导极端的心理，而后才成为了现在这个淡定的自己。

此外，女人还应该明白，当你在嫉妒别人的时候，眼里看到的都是别人的优点，别人的幸福，你已经忽略了自己拥有的东西。其实，每个人都有自己的幸福、自己独一无二的优势，若能够骄傲地想想这些，就会让失衡的心理重新恢复到平衡的状态。

药山禅师的门下有一大一小两弟子。一天，众人在山中参禅，看到一棵树长得很茂盛，而旁边的一棵树却只剩下枯黄的枝叶。药山禅师想借此示教，于是他问小弟子：“是荣的好呢，还是枯的好？”小弟子回答：“荣的好！”接着，药山禅师又问大弟子，大弟子却说：“枯的好！”

药山禅师笑着摇摇头，什么也没说。两个弟子面面相觑，不明所以。药山禅师说道：“荣的任他荣，枯的任他枯。”

多么淡定的禅语，多么闲适而独到的眼光，任枯任荣是一种不加分别的心境，更是一种随遇而

淡定 | 寄语

为什么要拿自己和别人比较呢？

世界上没有人比你更适合做你自己。

——美国作家苏珊·卡尔森

安的态度。只管安心做自己，管它外面是春夏还是秋冬？静下心来想一想，这世上比你有才能、比你富有、比你美丽、比你聪慧的女人数不胜数，人活一世，与其让那些自己所没有的东西来诱惑自己，折磨自己，毁掉美好的生活，倒不如安心享受自己的人生。

筱芸是那种安心过自己日子的女人，从不真正嫉妒别人。不过有一次，她刚刚参加完一个朋友的婚礼准备回家时，外面刮起了大风。她站在路边等车，不料那天的公交车特别少，在寒风中瑟瑟发抖的她顿时有种想哭的冲动，自己很年轻，长得也漂亮，和周围的朋友比丝毫不差，可凭什么人家什么都有，在这样的冬天可以坐着私家车，而自己要在这里受冻？可是，接下来的一分钟里，她这种嫉妒的情绪马上就烟消云散了，因为电话的另一端响起了老公的声音：“亲爱的，打个车回来吧！今天冷，别冻坏了。我给你煲了汤，回来就能喝了。”

嫉妒是长在心里的一根毒刺，如果你现在还任由它在心中生长，那么未来的日子里，你的心总会不时地隐隐作痛。与其这样过一生，不如拔掉那根刺，用宁静、淡定、宽容慢慢地修补心灵，完善自己，超越那些令你嫉妒的人，做一个淡定优雅的幸福女人。

放松那一颗易疲惫的心

心是生命中最柔弱、最细腻的地方，却要承载人生几十年的酸甜苦辣，着实不易。常常会听到很多女人抱怨生活得不快乐，压力让自己透不过气，想把烦恼统统赶走，却又找不着头绪。其实，细想起来，或许这种烦和累，并不是来自工作和烦恼本身，而是来自内心。若心境不改变，外在的景物再怎么改变，自己依然还是那个枯燥提不起精神的人；若能够在心境上轻松承受所有，生活就不会令人感觉到疲惫。

试问：是谁让我们非要过得如此忙碌？是谁强迫着我们每天日夜忧思？是我们自己！我们忘了活着要放松一点，忘了在呵护自己容颜的同时也给心灵做个保养。每一个懂得生活、懂得幸福、懂得爱自己的女人，都该适时地放松一下心灵，宠爱一下自己，这是一种沉静，一种豁达，一种休假，让平日压抑的情绪得到释放，用全新的方式与外界沟通。放松之后，没有了私心，没有了杂念，一切自然就明朗了。

国王在打猎的时候，遇到了一个美丽的女子，便想娶她为王后。女子同意了，但提出了一个条件：每天下午都要给她一个小时的时间，不要问她去哪里，去做什么。国王答应了，女子便和国王一起回到了王宫。

转眼间，十年过去了。王后把宫里宫外的事情处理得都很好，又给国王生了一对儿女。她一直都很快乐，而且模样还和年轻时一样。奇怪的是，她每天总是在同一时间离开王宫。国王很好奇，他甚至担心王后不是凡人。终于有一天，好奇的国王悄悄地跟踪王后。结果，他发现了一个秘密。

原来，王后每天离开王宫是为了回到森林。她像个孩子一样，在草地里奔跑，玩累了就看看天上的白云，或是在小溪边玩水。王后不是什么仙人，也不是巫婆。一小时之后，她又恢复了王后的“样子”，走出了森林。

国王终于知道，王后每天这样做，就是为了放松自己的内心，抛开所有的繁杂念想，这也是她多年来一直保持美丽的容貌和快乐的秘诀。

淡定 | 寄语

放松身心，不存目的不刻意寻找一个投诉的对象。那份自在和越快必定是不同的。

——三毛

这则故事，或许你曾经也读过，只是不知道它的寓意是否真的打动了你。心灵是快乐的根源，当你感觉极度痛苦、压力过重时，当你遇到一些想做又做不来的事时，当你被爱情、生活折磨得喘不过气时，不妨试着放松一下那颗疲惫的心，远离喧闹的城市，到青山绿野中感受下大自然，你会感觉到，累与不累总是相对的，一切烦恼都是人为的。

生命只有一次，既然如此，何必折磨自己的内心，让自己过得如此压抑呢?当然，放松内心也不是说到就能做到，它需要修养，需要一个慢慢练习的过程。紧张是一种习惯，心静也是一种习惯。放松心灵，就要在娱乐时别太计较得失，在工作中学会专注和执着，摒弃过多的私心杂念，遇到事情尽量往开了想。

放松，是心灵上的一种释放，它是一种心态，而不是一种活动的形式。很多女人喜欢到远方旅行，总觉得要放下工作，放下一切，离开所在的城市去远方，远离城市的喧嚣才是放松。诚然，这是一种放松，但只是形式上，在心灵上却没有放松，因为你还带着一切“排斥”，一些“压抑”。当你重新归来，或许那种不安分的烦躁又会莫名地涌上来。要知道，生活不缺少快乐，只是我们的心弦绷得太紧，感受不到快乐的音符。

生命的质量，取决于每天的心态。如果懂得放松心灵，保证快乐地度过每一天，就能够体验到别人体验不到的靓丽生活，这与身在喧嚣的城市、身在僻静的郊外无关，因为心才是快乐的源泉，心静了，心空晴朗了，人生处处都是艳阳天。

虚荣是内心安宁的“天敌”

幸福有不一样的面孔，有时像花，散发着淡淡的芬芳；有时像咖啡，有着浓郁的味道；有时像流星，瞬间的闪耀令人回味无穷。不管是外在的美丽，还是内在的丰富，都可以称之为幸福。只是，当这一切碰到一种叫作“虚荣”的情感后，都会消失不见。

法国作家莫泊桑有一篇短篇小说叫《项链》，它为我们讲述了一段被“虚荣”无情摧毁的人生：马蒂尔德是一个小公务员的妻子，长得非常漂亮，只是家境贫寒。一次，她和丈夫接受了某部长举办的舞会的邀请，因为爱慕虚荣而向好友借了一条项链，并在这次舞会上出尽了风头。但回家之后，她却发现项链丢了。为了赔偿好友的项链，她和丈夫借了一大笔钱，辛苦十年才把债务还清。十年后的一天，她又遇到了那位好友，对方还是当年那般漂亮高贵，而此时的她却已苍老不堪。更可悲的是，好友告诉她，当年丢失的那条项链只不过是一件赝品。

看到最后的结局，多少女人为之叹息。虚荣竟如此可怕，让马蒂尔德这样的女人因为迷恋于那短暂的美丽，付出了惨重的代价。道理浅显易懂，可回归到现实生活中，还是有无数不够淡定的女人，依然步马蒂尔德的后尘，为虚荣活着。她们处处炫耀自己的特长与成就，喜欢听到别人的赞美；总在外人面前夸耀自己有一定权势的亲友；喜欢不懂装懂，处处争强好胜，自命不凡；经常把生活中的失误归咎于他人，即便自己有缺点，也会试图用各种借口极力掩饰。她们沉醉在虚假的荣耀里，拼命地掩盖着真实的内心，当有一天，虚荣的面具被揭穿，她们才知道自己不过是在哗众取宠，自欺欺人。

查理太太是个爱慕虚荣的女人，一直以来，她都向往过上高人一等的生活。为此，她也没少费心思。

淡定 | 寄语

我深信，当你把你的内在世界调整得很好的时候，你的外在世界就会自然而然变得很顺利。

——张德芬

一日，查理太太跟随丈夫去参加一场酒会，出席者多是上流阶层的人物，在漫无边际的闲聊中，话题转到了音乐家莫扎特身上。

威尔逊先生激动地说："他是一个绝对的音乐天才。才华横溢，无人能及！"

"噢，是的。他从3岁起就显露出极高的音乐天赋，4岁跟着父亲学习钢琴，5岁就开始作曲。"罗斯小姐说。

对名人品头论足，是查理太太最乐意去做的事。于是，她不失时机却又故作淡定地说道："噢，莫扎特，我非常喜欢他这个人。说出来或许你们都不敢相信，今天早上我在21路车站与他聊了几句，他正要去音乐厅客串一场演出，上车前他还礼貌地与我道了别，真是个懂礼节的人。"

查理太太话音一落，周围的人便不再说话了，大家面面相觑，而后轻蔑地看了看她，散开了。站在一旁的查理顿时觉得颜面无存，他走到太太面前，略带愠怒地耳语道："拿上你的外套，我们快离开这里，现在就走。"

查理太太显然并不知道发生了什么，她跟着丈夫离开了酒会。驾车回家的途中，查理一言不发，还是查理太太先打破了沉默："查理，你是不是生气了？我做错什么了吗？"

"噢？你终于注意到了？"查理带着一种嘲讽的口吻说道："你今天让我丢尽了面子。你看到莫扎特坐21路车去音乐厅了？你这个自以为是的女人。谁都知道21路车根本就不路过音乐厅！"

查理太太的确有点可笑，甚至虚荣得有点过头了。其实，从另外的角度去看虚荣，其不过也是内心的自卑情绪在作祟。就像世人常说的：一个人越是缺少什么，就越是爱炫耀什么。真正淡定、内心充满自信的女人，不需要借助其他外力——名车、别墅、首饰、时装来提升自己的身价，那些都只是她的附属品，她真正的价值在于眉宇间的淡定和内心的宽度。

所以，不要再去炫耀自己有什么，也不要整天逼迫着自己的爱人达到一个什么样的状态，试图用他的“体面”来满足自己的虚荣。若是心灵完全被虚荣所支配，那么女人会被迫为虚荣付出更大的代价。女人应该有一颗不浮躁的心，越是身处五光十色的城市，越需要淡定地活着。

只留一颗枫叶般静美的心

不舍弃鲜花的绚丽，就得不到果实的香甜；不舍弃黑夜的温馨，就得不到朝日的明艳。自然界是这样，人生也是这样。背负着太多的东西，一生注定辛劳。若能够适时放下一些，人生可能会更精彩。

流浪汉在看不见尽头的路上长途跋涉，他已经累得快要虚脱了，却还在一步一步地走着。他身上背着一袋沉重的沙子，一根装满水的粗管子缠在腰间，脖子上用一根旧绳子吊着一块大磨盘，手里还拎着两块大石头，头上顶着一个散发着臭气的大南瓜。他一面走一面抱怨，说命运太坎坷，总是不停地折磨自己。

走到一个村落时，他遇到了一位农夫。农夫问他："疲倦的流浪人，既然你这么累，为什么不把手里的大石头扔掉呢？""对呀，我怎么这么傻！"流浪汉扔掉了石头，顿时觉得轻松许多。

后来，他在路上又遇到了一位长者。长者对他说："孩子，你头上的南瓜已经腐烂了，还留着做什么？还有你脖子上吊着的磨盘，一点用都没有。"听后，流浪汉把头上的烂南瓜扔到了路边，又卸下了沉重的磨盘。这一次，他觉得自己呼吸都顺畅了许多。

又过了许久，一位少年从流浪汉的身边路过，见此情形不禁笑道："流浪汉，你没看到路旁就是小溪吗，为何还在腰间缠个水管？再说了，这一路上全是沙子，你身上还扛一袋沙子做什么呀？"听到这些话，流浪汉又把水管和沙子从身上卸了下来。

就这样，流浪汉卸掉了所有的负担，此时已经是傍晚了，微风徐徐，吹在身上格外舒爽。流浪汉在风中走着，他觉得脚步非常轻快，心情也比过去好了许多。他终于明白：原来生命不需要如此沉重。

这则寓言故事，不禁让人想起尼尔·唐纳德·沃尔什在《与神为友》中写的一段话："我不会抓紧任何我拥有的东西！我学到的是，当我抓紧什么东西时，我才会失去它，如果我抓紧爱，我也许就完全没有爱，如果我抓紧金钱，它便毫无价值，想要体验拥有任何东西的唯一方法，就是将它放掉！"

的确，一个女人如果被太多的物质和功利困扰，她的心一定会疲惫。如果能果断地放弃那些沉重的枷锁，不追求过多的物质，抛弃那些浮华与虚荣，欣然面对平淡的日子，只留一颗枫叶般静美的心，她就能够感受到内心的宁静，体会到生活的美好。

在远离城市喧嚣的僻静处，有一条老街，街上有一家茶馆，经营茶馆的是一位老妇人。

和街上其他的商家不同，老妇人还保留着最原始的经营方式。她坐在茶馆门口，不吆喝，不焦躁，过着与世无争的悠闲生活。她经常戴着一副老花镜坐在那里织毛衣，身旁放着一把紫砂壶。老妇人并不十分在意生意的好坏，她老了，挣的钱够自己生活，她很满足。

一天，一个经营古董的商人从这里经过，无意间看到老妇人身边的紫砂壶。那把壶古朴雅致，紫黑如墨，颇有清代制壶名家戴振公的风格，戴振公在世界上有"捏泥成金"的美名，据说他的作品现在仅存三件：一件在美国纽约州立博物馆里，一件在台湾故宫博物院里，还有一件在泰国某位华侨手里。

商人走过去，得到老妇人的允许后，他拿起那把壶仔细端详起来。果然，这把紫砂壶的壶嘴外有一记印章，还真是戴振公的！能在这个小巷子找到如此珍贵的古董，商人惊喜不已。商人对老妇人讲，他愿意出10万元买下这把壶。老妇人听到这个数字先是一惊，随后拒绝了，因为这把壶是

淡定|寄语

我看见我在寻求……的感觉，我全心接纳这种感受，并且放下对它的需要。用爱去接纳所有我们遭遇的一切，然后放下。人会受苦的最大原因，就是抗拒事实，而从来不懂得臣服。

——张德芬

他丈夫留下来的，这可谓是他们家的传家之物，意义非凡。

紫砂壶没有买成，可商人走后，老妇人有生以来第一次失眠了。她没有想到原本自己眼中的普通茶壶，竟然这么值钱，她的内心有些不平静了。商人的出价还是打破了老妇人平静的生活，原来她躺在椅子上喝水，都是闭着眼睛把壶放在小桌上，现在她总要坐起来再看一眼。尤其让她不能容忍的是，当周围的人知道她有一把价值连城的茶壶后，门槛都快被踏破了，有人问还有没有其他的宝贝，有人甚至开始向她借钱。更过分的是，还有人大晚上来敲她的门。一把壶，把老妇人原本安宁的生活彻底搅乱了。

过了一段时间，商人又来了，这一回他带着20万元现金登门。老妇人再也坐不住了。她下了决心，招来左右店铺的人和前后邻居，当众把那把紫砂壶摔了个粉碎。

外面的世界很精彩，精彩的世界里充满着诱惑，要舍弃的东西有时很美丽，于是人们内心开始纠结和挣扎。拥有一个价值连城的物件，固然是幸运之事，但若这件身外之物给心灵带来负累，给生活制造了重重麻烦，真的不如不要。生活在尘世中的女人，应该明白这个道理：人生就是在舍弃和获得的交替中得到升华，从而到达高层次的境界。丢掉那些让自己不愉快的包袱吧，人生之路很漫长，只留一颗枫叶般静美的心，才能重获轻松和自由，才能走到心中的远方。

活出好心情比什么都重要

生活在这个世界上，谁都会有喜怒哀乐，能做到喜怒不形于色的女人并不多。在车水马龙的城市中生活，浮躁的心情更是难以控制。生活中有很多不快乐的女人，她们多愁善感，感情细腻，经常会产生忧虑、悲观、抑郁等情绪，整天活在压抑的气氛中。其实，很多时候她们并不是不幸福，只是自添烦恼忽略了幸福。

苏瑾是个不快乐的女人，她似乎每天都与烦恼相伴。看一部肥皂剧，为女主人公的命运担忧，甚至还由此联想到自己，以至于看完后泪如雨下。这倒也没什么，或许是电视剧里的人物塑造得比较成功，或许是真的让她触景伤情。可是，她的烦恼还不止这些。

午饭时间，她想给自己做顿饭，可男友为她买的几把刀似乎都不太合手，顿时也就没了做饭的心情。走出厨房，看见宠物狗的链子又粗又长，差点把她绊倒，她的火气就不打一处来，把小狗吼了一顿，吓得它跑到窝里不敢出来。她坐在沙发上，胡乱地播着遥控器，播了一圈之后发现没有一个自己喜欢的节目，她用双手把头发弄得一团糟，嘴里嘟囔着烦死了，这样的所谓的烦恼把她弄得心烦意乱。

她打电话给朋友，抱怨连天。起初，朋友只是在电话那头默默地听着，可是她报怨起来没完没了，朋友终于忍不住打断了苏瑾："你有什么可烦的呢？有房有车，有相貌，有份好工作，有深爱自己的男友，闲来无事还可以侍弄一下小宠物。不是生活让你烦恼，是你自己不想快乐，你少了一颗快乐的心。"

的确，幸福与否和外物的关联并不大。快乐的心情源自对生命的热爱，源自内心的幽静和淡然，源自对生活用心的经营。女人想让自己快乐一点，活得好点，并不是难事，只要转变视角，改变思维，你就会发现自己的生活其实也没有想象得那么糟糕，只要心情好了，自己的生活也可以是一片艳阳天。

淡定｜寄语

我时常会告诉自己，虽然在最低的位置，看不到花朵绽放时的艳丽，然而却不会错过，花瓣飘落时在风中悠扬飞舞的浪漫。

——几米

玛丽是一个快乐的百岁老人，每天都笑呵呵的。在她的世界里，似乎从来没有发生过不快乐的事情。当然，这份快乐使她成为朋友圈中最受欢迎的女人，尽管她不够美丽，早已满头白发、皱纹横生。

曾经，有个生活苦闷的年轻女子慕名来拜访玛丽："我一直感觉不到快乐，也没有什么朋友。我看到您每天都很快乐，您身边有很多朋友，您真是一个活得漂亮的女人，您在生活中一定事事都如意吧。"

玛丽笑了笑，轻轻地说："人的一生不可能事事如意，已经发生的事实不可改变，你唯一能控制的就是你的想法。我可以肯定地告诉你，所有的事情都有值得快乐的一面，这正是我快乐的秘诀。"

年轻女子很诧异，问道："当您走路时突然掉进一个泥坑，弄得一身泥泞，您还会快乐吗？"

"是的，我会庆幸幸亏掉进的是一个泥坑，而不是无底洞。"

"如果遭了车祸，撞折一条腿呢？"

"大难不死必有后福，有什么不快乐的呢。"

"假如您马上就要失去生命，您还会快乐吗？"

"当然，我高高兴兴地走完了人生之路，说不定要去参加另一个宴会呢。"

年轻女子不再问了，她沉默了好一会儿才说道："这么说，生活中没有什么可以打破您平静的心，对您来说，生活永远是快乐组成的一连串音符？"

玛丽说道："是的，只要我愿意，我就是快乐的。"

任何事物都有两面性，就看你用什么样的态度去对待，如果你更关注"坏"

的一面，那烦恼肯定是不请自来，如果你能多注意“好”的一面，那么你可以从每一件事中找到让自己开心的东西。生活就像一面镜子，你笑它也笑，你哭它也哭。乐观淡定的女人，遇事从不看消极的一面，她们深知，以悲观的态度看待事物时，世界都会没有了阳光；而拥有乐观的心态时，到处都是希望，到处都是惊喜。乐观的女人会把每一天的到来当作新生命的诞生一样，会在内心告诉自己，每天的生活都应该是充满希望的，都应该是快乐的，尽管这一天可能会有许多麻烦事，但只要内心安然无恙，麻烦也就不再是麻烦了。只要她愿意，她随时都可以感到快乐。即便身居陋室，也可以快乐满怀；即便粗茶淡饭，也是有滋有味。

陈婉出生的时候，就双目失明了。她从来不知道五颜六色是什么样，因为她的世界从来只有一种颜色，那就是黑暗。唯一能够让她感受到喜悦的是音乐，仿佛是她生命里的一道彩虹。可不幸的是，因为一次意外，陈婉的世界里连声音也没有了。

或许，在常人看来，这样的打击简直太大了。可谁也没想到，陈婉竟然能够淡定地接受，她没有自伤自怜，她想：既然还活着，那就要活得开心。后来，她尝试用盲文写作、谱曲，把对家人的感恩，自己对这个世界的想象记录下来。有她在的地方，总是充满着欢乐的笑声。

陈婉的经历惹人同情，让人不禁为这个花一般的女子感到惋惜。可外在的这一切遭遇并没有影响到她的乐观心态与对生命的热爱，更没有遮住她人生的光芒。因为她有一颗淡定的心，一颗感知幸福的心。生活不需要哀伤的旋律，也不需要宁静的阴影，而是需要快乐的音符与温暖的阳光。

所以，努力做一个恬淡、平和、快乐的女人吧！少些欲望，少些纷争，少些自扰，少些哀伤，快乐自会不期而至。你寻找的幸福不在远处，它就在眼前，触目皆是；它就在身边，触手可得。

看淡人生浮尘事，也无风雨也无晴

一位朋友在感情路上受挫，独自一个人到杭州散心。走到灵隐寺时，她见门口放着许多大罐子，里面养着浮萍，一片片嫩绿的叶子很可爱，淡然优雅。此情此景，朋友忽然感叹：人生所有的事物都是浮萍。来时还满腹心事的她，顿时觉得平静了许多，也淡然了许多。

苏轼有词云："人有悲欢离合，月有阴晴圆缺，此事古难全。"这是一种感叹，也是一份看透人世后的淡然和宁静。阴晴圆缺是自然规律，是自然而然的转变。悲欢离合，顺逆穷通，也是人生的常态。当一切都能够看开的时候，也便没有什么可以失去了。苏轼的人生有过顺风顺水，也曾风波浪起，历经太多的沉浮和悲喜，当繁华落尽之时，他却依然保持着最初的那一份淡定。内心的洒脱与豁达，只看那一句"回首向来萧瑟处，归去，也无风雨也无晴"便知。回首来时的路，什么风雨、晴空，都已经虚无缥缈，人生真的没有什么大不了。

漫长的生命之旅中，女人该有一份豁达的心境。若是活得太较真，不免会痛苦和沉沦，就像季羡林先生所说的那样："人活着最重要的是想得开。"用淡定的心看待世事，便能够笑看花开花谢、云起云落，即便面对沧桑，也能够有一份云水悠悠的心情。

玫琳凯·艾施，美国玫琳凯化妆品公司的创始人，她用自己的智慧缔造了化妆界的神话。她能够取得那么大的成就，很大程度上是源于那一份豁达的心境。

玫琳凯很小的时候，父亲生病住院，母亲为了照顾全家人，辛苦地在外打工。她7岁那年，便担任起父亲的厨师与护理工作。当时，个子矮小的她做饭时要站在椅子上，有时还要打好多电话向妈妈请教。妈妈鼓励她："我知道你能行，一定行。”妈妈的这句话鼓励了她，给了她自信，纵然饭做得不好吃，她也不觉得沮丧。

对于这个豁达的女孩，命运似乎有意跟她开玩笑。27岁那年，她的第一任丈夫离家出走了，没有工作、没有积蓄的她，带着三个孩子，面临着各种困难。可是，玫琳凯并不觉得这有什么，这个平凡而坚强的女人强装着笑脸走上社会，开始了谋生之路。几经奔波，她得到了一份既能够干事业又可以照顾家的直销工作。

工作中的她，面对竞争对手有着豁达的心胸，面对顾客有着坦诚的笑容。很快，她就从一个普通的直销员成长为经验丰富的销售强人，年薪也涨到2.5万美元，靠着这份豁达和淡定，她一步步地走上了领导的职位。然而，在46岁时，玫琳凯突然接到了降职通知，理由很直接：因为她是女性。对于这样的打击，玫琳凯依然淡定，她接受了公司的决定，同时也在心里做了一个自己的决定：建立一家给所有女性提供平等机会、帮助更多女性实现自我价值、丰富女性人生的公司。

1963年9月3日，玫琳凯在这个想法的支撑下，正式建立了玫琳凯化妆品公司。当时，公司的资金只有5000美元，办公场地在一间46平米的仓库，员工只是9名普通的家庭妇女，但玫琳凯干得相当带劲儿。经过几年的不断发展，玫琳凯公司成为了一家跨国的大型化妆品企业集团，拥有全美最畅销的护肤品和彩妆品牌，如今它拥有130万名美容顾问，分公司遍布在36个国家和地区，年营业额达25亿美元。

到了20世纪90年代，玫琳凯已经是曾祖母了，她笑着说：“我觉得我才24岁。”在她眼里，豁达的心胸不会随着年纪的增大而老去，而一路走来遇到的那些风风雨雨——儿时贫困的生活，年轻时的离异风波，中年时遭到降职，如今都已经永远留在了过去，那是她真实人生的一部分，却也只是人生的一部分。

淡定｜寄语

我们快乐或悲伤在很大程度上取决于我们的性格，而不是我们面临的问题。

——玛萨·华盛顿

豁达是一种淡定，有了豁达，才能够真正做到拿得起放得下，才能够拥有处变不惊的沉稳。生活中总会出现各种挫折与磨难，谁也不能够预料下一秒会发生什么，但只要有一颗豁达的心，就能够坦然面对命运给自己带来的苦难，就能够不与人斤斤计较自己的得失，就可以在不幸降临时依然热爱生活，就可以安静而又安然地走自己的路，不自卑也不张扬。

境由心造，每个女人若都能以博大、高尚的心境来容纳一切，那么世界就会变得像水晶般可爱、美丽。对于女人来说，豁达不仅意味着一种超然，更是一种智慧。豁达的女人，她的美是由内而外散发出来的，是最动人的，也是最持久的。

若问如何拥有豁达淡然的心境？那需要人性的修炼，心性的修炼，学识的修炼，境界的修炼，就像一篇短文中写到的那样：该得到的要付出努力抓到手，得不到的也不要过分执迷，不是不去追求，而是不去强求；不浮躁，不争抢，不去计较浮华之事，不急功近利，不为钱财折腰，宠辱不惊，心静如水，淡定安逸；淡然地过自己想要的生活，不要轰轰烈烈，只要简简单单。人生，真的没什么大不了！

第4章
爱，在平淡的流年

让我们慢慢相爱，爱得淡一点，久一点

在漫长的岁月长河里，
大多数的时光都是在平静中度过的。
心浮气躁或是暂时未懂得生活真相的女人，
还一直沉浸在美妙的幻想中。
慢慢地，
经过了岁月的打磨，
她们恍然大悟：
生活原来就是一杯淡淡的水，
要靠自己慢慢去体会，
才能发现幸福。

最好的爱，是平淡的相守

如果说细水长流是一种简单质朴的美，要用一颗宁静的心才能品味出它的意境美，那么轰轰烈烈就是昙花一现的美，灿烂一时却很难延续下去，留下如梦的记忆，使人回味无穷。爱情总是轰轰烈烈的好，而婚姻却总是细水长流的佳。然而，当令人激情澎湃的爱情上升到朴实无华的亲情时，又有多少人的爱能够经得住平淡的生活细水长流呢？

夏沫从未想过会遇到一个让自己魂牵梦萦的男人。她沉醉在他温柔的眼眸里，他喜欢相执她的玉手，漫步在灯火斑斓的街头。是不是幸福来得太快太满了？夏沫心里划过一丝疑问，但很快就淹没在山盟海誓中了。

很快，他们结婚了。很快，夏沫的幸福感也消失了。婚后，他们常常为一点小事而大吵大闹，因为缺乏深入的了解，两人为各自的不同见解而互不相容，常常是搞得鸡犬不宁。失语的光阴，多是眼泪与孤寂。夏沫常常向闺蜜诉苦，时间长了，闺蜜忍不住劝她：过不下去就离吧！可是，夏沫放不下那段感情，退已无家可居，进却无涯江湖。

闺蜜心疼夏沫，约她到附近的一家酒吧，看着她的泪眼，面对着瘦弱无助的她，心头不由多了几分怜悯。她想给夏沫些许劝慰，却又不知该如何开口。此时，酒吧里正播着《罗密欧与朱丽叶》的曲子，和谐而至真的深情，绵延如流水。闺蜜给夏沫讲了一个故事：

“在意大利维洛纳的一个小镇，有一栋看起来不起眼的两层住宅楼，上面有一个毫不起眼的阳台，一扇毫不起眼的木门，旁边是一个毫不起眼的中庭，却常常挤满了慕名而来的游客，每个人都要在阳台上摄影留念，年轻的恋人们还不忘在门上写下海誓山盟，因为那里曾经是莎士比亚笔下经典爱情故事的女主角——朱丽叶的家……”

听着朱丽叶的故事，夏沫似乎渐渐明白了一些道理：对爱的期望太高是没有错的，怕的是自己陷在爱中又被爱所伤，成了迷途的羔羊，乱了方寸。每个相爱的人都期望自己的爱有一个美好的归宿，就像罗密欧与朱丽叶一样，爱得干净、炽热与彻底，成为传说中的向往与神圣。但从来没有想过爱过以后就是一种责任与付出，再没有热恋中的浪漫与激情，只有为生活中的琐事闹得心烦而不愉快……

淡定 | 寄语

爱情不是花荫下的甜言，不是桃花源中的密语，不是轻绵的眼泪，更不是死硬的强迫，爱情是建立在共同的基础上的。

——莎士比亚

夏沫流泪了，凝望杯中浓浓的咖啡，一语不发。许久许久，夏沫抬起头，轻拭着泪，莞尔一笑，对闺蜜说：“谢谢你，我现在全明白了。”

再次相逢，夏沫早已脱离了心灵的煎熬，笑靥如花的她牵着3岁的女儿和她的丈夫向闺蜜走来。夏沫与闺蜜相视一笑，闺蜜读懂了夏沫眉宇间的那份释然和超脱，还有那一抹淡定的从容。那是岁月洗礼过后的彻悟与洒脱，平淡是福，相守是真。

走进围城，难得彼此可以朝朝暮暮。而此时，女人更多的体会是：曾经的缠绵悱恻消失了，生活如同白开水一样平淡无味。是爱情变质了吗？是幸福离开了吗？不，是我们忽略了世界上任何事物都有由新变旧的特性，是我们把婚姻当成了空中阁楼，想象得太过完美，赋予了太多的浪漫期望。

人生是5%的刺激、5%的痛，再加上90%的平淡。我们为了5%的刺激而忍受5%的痛，然后用90%的平淡来度过。三毛也曾说过，爱情如果不落实在穿衣、吃饭、数钱、睡觉这些实实在在的生活中去，是不容易天长地久的。

一对夫妻从幸福结婚过度到平淡的生活后，丈夫因为追求新鲜，结了新欢，欲与失去激情的妻子离婚。妻子听到丈夫提出离婚的事，刚开始很愤怒，不过在第二天冷静下来后答应了丈夫的要求，但提出了两个条件，一是为了孩子，一个月后孩子放暑假了再离；二就是在那一个月里，老公必须答应老婆每天从厨房把老婆抱到卧室门口。

丈夫答应了。接下来的一个月里，丈夫从刚开始的不解、冷漠到最后的悸动、醒悟，丈夫发现，他与妻子之间的婚姻只是缺少了平常的亲密接触，而不是缺少了爱。有了这样的认识后，丈夫决定不离婚了，从此以后好好爱自己的妻子。

其实，最好的爱，是经得起平淡的流年。两个相爱的人结婚相守，要一起经历大大小小的艰难险阻，可是除了那些，要一起经历最多的，还是一天一天平淡的日子。若问什么是幸福，一生一世一双人，他能给你快乐和安心，你能给他想要的理解与信任，更重要的是，把每一个平凡的日子都过得精彩。如此，就够了。

长久的婚姻是“将错就错”

《非诚勿扰2》上映后，很多人都对影片中的一句台词记忆犹新：“婚姻怎么选都是错，长久的婚姻，是将错就错。”

的确，任何事情都不可能是完美的，婚姻也一样，总有这样或那样的不如意。所以说，婚姻怎么选都是“错”。而长久的婚姻，就是两个人在一起互相磨合，互相适应的过程，双方都要割舍掉不适合两人在一起生活的习惯、行为，这互相融合的过程便可以理解为“将错就错”。

当婚姻走过了激情期，唯有安静的忍耐和包容，才能让幸福恒久绵长；唯有记着对方的好，宽容着对方的“坏”，才能在夕阳下执子之手，与子偕老。

累了一天的她，回到家想喝口水，却发现热水壶里是空的。她坐在沙发上，刚想躺下歇会儿，却看见他的脏袜子扔在那里。尽管她说了无数次，脏衣服要扔进脏衣篓里，可他仍然记不住。看着凌乱的房间，脏脏的地板，她心里有一种说不出的烦躁和厌恶。

做晚饭的时候，她心不在焉。一不小心，还把手烫了个水泡。她索性关了火，把做了一半的饭菜丢在厨房。她在卫生间里用冷水冲了冲红肿的手，抬头却看见镜中的自己满脸憔悴。她觉得生活像一潭死水，难怪人们都说婚姻是爱情的坟墓，想来真是如此。

晚上八点半，他加班回来了。她关着灯，一个人坐在黑暗中，把他吓了一跳。

“你怎么了？坐在那干什么？怎么今天也没做饭呀？我吃点什么……”他放下包，往厨房走去。

“为什么要做饭？这样的日子我受够了。咱们离婚吧。”她面无表情地说。

“什么？我听不见，煎鸡蛋呢！”他忙着煎蛋，滋滋的声响混着抽油烟机的风声，他没听清。

她又重复了一遍。这一回，他听明白了。

“过得好好的，为什么要离婚呢？”

她冷笑着说：“你觉得好。可是我觉得不好，很不好。我再不想这样过下去了。”

第二天，她把离婚协议书拿到他面前：“签字吧！我们结婚这几年，我觉得很不开心。或许，分开对我们俩都好。”

一周后，他打电话给她，告诉她自己同意离婚。只是，想再约她吃一顿饭。电话里，他的声音很低沉，能听出其中有些许无奈和伤感。她以为自己会如释重负，可心里却涌上一股酸楚：“他真的同意离婚了，为什么我高兴不起来呢？”

下班后，她去了公司附近的一家餐馆。那是他们过去常去的地方。几天不见，他消瘦了很多，眼神也变得忧郁了。他拿出了那份离婚协议书，交给她。见此情景，她的眼泪开始在眼眶里打转。从今以后，真的要和这个男人成为陌路了吗？

“既然来了，就先吃点饭吧！”他的语气突然变得柔和许多，眼神里似乎又有了恋爱时的温柔。

她叫来服务员，说：“一份水煮鱼，一份香辣虾。”这两样菜，都是她平日里最爱吃的。

他沉默了片刻，笑着对她说：“能不能为我点一份我爱吃的？这可是最后的晚餐了……”

她脑子一片空白，竟然想不起要给他点什么。她说：“你不爱吃这个吗？”

“你忘了，我是上海人。我喜欢吃甜的。其实，我们在一起这么多年，我一直吃的

淡定 | 寄语

爱情就像银行里存一笔钱，能欣赏对方的优点，就像补充收入；容忍对方缺点，这是节制支出。所谓永恒的爱，是从红颜爱到白发，从花开爱到花残。

——培根

都是自己不太喜欢吃的东西。”他笑着说。

她的心再也平静不了了。一种愧疚和自责顿时涌上心头。这么多年，自己竟然从未主动问过他喜欢什么，等到离婚的时候才知道他的喜好。

他说：“我们离婚后，家里所有的东西都归你。我只带走我的衣服。”

在真的要告别的时刻，她再也控制不住自己的情绪，脸上挂着眼泪问：“你要去哪儿呀？”她只想着自己离婚后要怎么过，却从来没想过离婚后的他该怎么过。

“我想回上海。我的父母岁数也大了，身边没人照顾，每次到你父母家与他们团聚的时候，我其实都很想我的父母。只因为你喜欢这个城市，所以我才留在了这里。你以后一个人过，肯定辛苦，所以我把这里的一切都留给你。以后照顾好自己。”他不像是一个要离婚的男人，反倒更像是一位要远行的丈夫。

她心里很感动，又很自责，还萌生了太多的不舍。这个与她一起走过数年春秋的男人，在离婚的时候还在为她着想，这么多年来他一直忍受着种种不愉快和不适应，都是为了自己。她突然为自己的行为感到后悔和愧疚，她哭着说：“这些，你为什么不早点告诉我？”

“我很少说自己的感受，但是我爱你，我希望你过得快乐，也愿意为你忍受这些事。不想让我们之间总是因为这些小事争吵，更不想让你烦心。”

“你……可以不走吗？”她带着乞求的眼神问。

最后，他们牵着手从餐厅里走了出来。回家的路上，她想到那个有点脏、有点乱的家，再没有感到丝毫的厌烦，有的只是满满的幸福和温暖。

两个不同性格、不同成长经历、不同生活习惯的人走到一起，势必会产生各种摩擦和不适。可生活就是这样，磕磕绊绊，有喜有忧，若总是斤斤计较，遇事总要分个是非曲直，难免会伤害感情。

有位女性朋友，总是抱怨丈夫懒惰，脾气也很坏。他们每天吵架，最后不得已离婚了。后来，她又组建了新的家庭，可情况依然不理想。她发现，最初看着挺顾家、挺爱干净的继任丈夫，慢慢地也变得很懒，家务一点都不做，更别提每天为她做饭了。她抱怨自己的命不好，嫁的丈夫一个比一个差。

偶然的一天，她在某饭局上遇到了前夫和他现在的妻子。听他现在的妻子说话的口气，她似乎对这个男人很满意，夸他温柔体贴，很会疼人，最后还笑着说：“就是呀，他有点懒！不过，两个人在一起，也不能要求得太多……”

同样一件事，同样一个人，在不同女人的眼里完全是两个样。有人看到的是瑕疵，有人看到的却是美好，前者体会到的是烦恼，后者体会到的是幸福。

其实，幸福而长久的婚姻就是彼此的理解和宽容，发生争执的时候，换个方式思考，不要针锋相对。如果还有爱，就不要彼此伤害。

有些幸福是“熬”出来的

有人说，爱情很简单，因为每一对相爱的人都会说：“我爱你，我愿意为你付出所有。”

有人说，爱情很艰难，因为每一对爱人都会遭遇风雨，能够一直相扶到老，实属不易。

没错，相爱容易相守难。还记得结婚时宣读的那几句誓言吗？那不是几句泛泛的空话，而是一种承诺和责任。在爱情的旅途中，顺境和逆境、富有和贫穷、健康和疾病，总是不时交替。顺境时的爱很简单，无非就是相依相伴一起幸福；可逆境时的爱很艰难，它要你顶着暴风骤雨，搀扶着伴侣不离不弃。爱虽然只有一个字，却饱含着与对方共同承担责任和风雨同舟的信念与决心。

回顾自己与心蕊十年的感情之路，晓峰的眼角不禁湿润起来。他们22岁开始相恋，期间分分合合、曲曲折折，最终还是牵手走到了现在。

他的思绪又回到了那段因得肿瘤而充满了恐惧与绝望的日子。心蕊没有离开他，而是默默守在他身边，给他鼓励。有时，还陪他一起去医院，尽管辛苦，却没有丝毫的怨言。晓峰心里很感激，若没有她，自己早已心灰意冷垮掉了。有了心蕊，让他对未来重新充满了希望，每天都积极地生活。同时，他也为自己暂时没能给心蕊一份安逸的生活感到愧疚，他希望日后能够更好地补偿心蕊，做一棵可以走动的大树，让她有个坚实的依靠，为她挡风遮雨。

提及那段往事，心蕊说：“将来会发生什么，谁都无法预测。可这有什么关系呢？不管遇到什么，只要我们在一起一天，就要幸福着面对。”

十年过去了，他们一直相守着，有了温馨的家，有了可爱的孩子。这些年他们一同走过的岁月，让彼此深刻地明白：爱，就是风雨中的相守，就是平淡中的相濡以沫。

爱情不一定要轰轰烈烈，只要能在风雨中相守，在平淡中相濡以沫，就是一份难能可贵的财富。很多时候，通往幸福的路很漫长，也很“慢长”。若没有共同走过冰寒地冻的雪山，少了生死相依、相互搀扶的积淀，即便是拥有了，也未必长久。美满的婚姻需要两人共同经营、共同成长，在漫长的岁月中互相搀扶、相濡以沫。

淡定的女人要明白，真正的幸福，往往来得没那么容易。很多时候，幸福是“熬”出来的，无论是在感情上，还是在生活上。在这里，还想与大家分享一个故事：

喜宴上，一位气宇轩昂的男士，挽着一位珠光宝气、雍容华贵的女士缓慢地朝人群走了过来。那位男士是某公司的总裁，那位女士是他的太太。

看着他们的背影，宴席上一对母女进行了一番有趣的谈话。

女孩撇撇嘴说：“真是一个华美的花盆，种了一棵苦菜花啊！那位女士，再怎么打扮，也遮不住脸上岁月的痕迹啊！像我这样年轻貌美，才像总裁夫人哦！”

母亲笑道：“男人就像酒，总是越老越醇。你站在总裁身边，或许是相得益彰。可你会爱上一个父母双亡、家无片瓦的猪倌吗？你会跟一个白手起家、一分钱掰两半花的男人同甘共苦吗？想当总裁夫人，先得住猪圈、割猪草、闻猪粪，风里雨里吃尽艰辛。幸福，都是在苦水中慢慢熬出来的。”

女孩吐吐舌头，不再说话。

男人如同一块需要雕琢的玉，经历了数年的打磨，变得璀璨耀眼。可是，当年他一穷二白、奋力拼搏的时候，又有几个人会把目光聚集在他身上？但愿所有女人都能明

淡定 | 寄语

每一次逆境都是一颗良种，播下它，你能够获得与麻烦同样多，甚至更多的收获，只是你必须用自己的眼睛寻找和发现这颗种子才行。

——拿破仑·希尔

白爱与幸福的真谛，不要想当然地认为做一个“速成阔太太”，一下子少奋斗二三十年，就是幸福；不要把婚姻当成无条件索取快乐与享受的途径，爱与婚姻有幸福的味道，却也带着一份责任和义务。当你决定和他一同走进婚姻的那一刻起，你就要做好与他风雨同舟的准备。

岁月浓淡总相宜

童话如同一张色彩斑斓的图画，有富丽堂皇的宫殿，有华美的盛宴，有浪漫新奇的玫瑰房，有充满诱惑的财富。爱情和婚姻，就是女人心里的那一本童话，她们内心渴望将平凡的生活过得轰轰烈烈。在忙碌琐碎的生活中一路走来，辛酸与眼泪从没有间断过，可她们依旧风雨无阻。可就在她们追寻这一切的时候，生活中那份原本的清淡和美好，正在悄然被时光磨砺着、淡忘着，她们也已经忘了何为从容，何为淡定，甚至都少有时间来慢慢品味生活的美好。

晴儿的丈夫算得上是个优秀的男人，成熟稳重，小有成就。晴儿很爱他，走过几年的婚姻之路，他们之间的感情已经犹如亲情。虽说两人之间没什么矛盾，可晴儿却总觉得少了点什么，似乎他们的关系太过平淡，缺少了一种激情和浪漫。

终于有一天，晴儿告诉丈夫，她对现在的生活感到厌倦。说这一番话的时候，她并没有顾及丈夫的感受。那天夜里，丈夫独自一人想了许久，没有做出什么表示。

晴儿对丈夫的表现很不满，嚷道："一个连危机感都没有的男人，还让人指望你什么？"

丈夫说："你告诉我，怎么样才能让你满意？"

"如果我要一朵峭壁上的花，而你将为此付出生命，你愿意吗？"晴儿又说了一个不切实际的"浪漫难题"。

丈夫想了想，说："我明天给你答复。"

第二天早上，晴儿醒来时，发现丈夫已经离开了。客厅的餐桌上放着一张字迹潦草的信。

亲爱的晴：

原谅我，我不会为你去采峭壁上的花。让我向你解释为什么。

你出门总是忘带钥匙，我不得不跑回家为你开门。

你上网时总是会把程序搞乱，每次都坐在屏幕前大发脾气，我不得不动手恢复那些被搞乱的程序，还要安抚你那“小豹子”一样的脾气。

你喜欢旅行，可你却是个路痴，总是迷路，我不得不陪着你。

你累的时候总是痉挛，我不得不为你按摩，减轻你的痛苦。

你一个人在家总是害怕，我不得不陪在你身边，让你觉得家里很安全。

你偶尔会觉得无聊，为了给你解闷，我不得不想尽办法给你说笑话讲故事。

所以，亲爱的，除非我确信有人比我更爱你，我才会离开。否则，我不会留下你一个人……

看到这里，晴儿的眼泪掉下来了。

信的下面还有一行字：如果你认为我说的对，请把门打开。因为我像每天一样，买了你最爱吃的老婆饼和酸奶。

晴儿急忙去开门，她已经忘了悬崖之花，看到手里拿着早点的丈夫，就一下子扑到了他怀里。

很多时候不是不爱，只是还没习惯生活的平淡；有些时候其实深爱着，但当爱成了习惯的时候，却恍然不觉。生活中和晴儿一样的女人很多，在她们眼里，每天与柴米油盐接触，生活内容单调而乏味，几乎看不出有任何波动，就心生厌倦。殊不知，每一份平淡中都有不凡，淡也是生活最浓的滋味。

曾有诗人说过：“岁月浓淡总相宜，人生有味是清欢！”“清欢”才是人生的最高境界。世事纷繁，相比大千世界、芸芸众生，我们不过是一个平凡人，如小草之于烂漫的春天，小溪之于辽阔的海洋，白云之于无垠的蓝天……这世上惊

淡定 | 寄语

情谊和花香一样，仍是淡一点的比较好，越淡的香气越使人依恋，也越能持久。

——席慕容

世骇俗者寥若晨星，大多数人都走不出平凡。女人，何不学着享受这种平淡的日子，在平淡的婚姻中弹拨出亘古不变的幸福曲调，演绎出生命的从容和本真呢？真正的幸福，本身就不需要太多装饰。

婚姻生活就是柴米油盐，平淡地度过每一天，重复着同样的事情，甚至心情都不会有多大的变化。但是在平淡生活背后的理解、宽容和相互帮助与扶持，那一份细心的关怀，人生路上一次次搀扶和支持，却是任何甜言蜜语和海誓山盟都无法替代的真情。许多口口声声把爱挂在嘴边的人，也许内心里并不曾懂得什么是爱。

简单一点，平凡也是一种人生，日子就这么清清淡淡，平平凡凡，从从容容，如水悠然长流。就像海子在《面朝大海，春暖花开》中写的那样："从明天起，做一个幸福的人，/喂马、劈柴，周游世界；/从明天起，关心粮食和蔬菜，/我有一所房子，面朝大海，春暖花开。/从明天起，和每一个亲人通信，/告诉他们我的幸福，/那幸福的闪电告诉我的，/我将告诉每一个人，/给每一条河每一座山取一个温暖的名字。/陌生人，我也为你祝福，/愿你有一个灿烂的前程，/愿你有情人终成眷属，/愿你在尘世获得幸福，/我只愿面朝大海，春暖花开。"

面朝大海，春暖花开，简单而淡定的心境，平凡而宁静的幸福。在经历爱情的缠绵与悲喜之后，女人应该明白，繁华落尽是平淡，喧嚣之后是安详，平平淡淡就是幸福。

爱不是一句话，爱是一辈子

多年前，有首歌这样唱道：“你爱我我爱你，不要变行不行；不多看不多听，只认定这份感情；谁爱我谁爱你，都不变行不行。让未来像从前风平浪静，永远都尽全力捍卫相爱的决心……”

两个人的邂逅、相知、相恋是美丽而充满诗情画意的，但能够将这种美丽进行到底，需要深厚的缘分，需要莫大的勇气，更需要用心去珍惜对方。所有爱的奇迹都是在将爱进行到底中铸就出来的，因为再轰轰烈烈的爱情，也会在岁月的洗礼中平静下来，剩下的唯有平淡无奇的日子。将爱情进行到底，不是一句台词，而是一种承诺，一种对爱的执着和坚韧。

她的婚姻生活平平淡淡，除了新婚的那两年还有些许涟漪外，后来就真的如水般平静了。她每天重复着一样的事，上班，下班，标准的两点一线式生活，偶尔她也会心生不甘，难道这辈子就要一直这样过下去了？

偶然的一个机会，一个不经意间的“误会”打乱了她的思绪。一个男人将一条满含深情的祝福信息，阴差阳错地发到了她的手机里。她好心告诉对方发错了，就这样，两个人相识了。那天，他们互发着信息，聊了很多。

那段日子，她其实过得很糟糕。母亲生病住院，工作压力又大，她觉得自己就快要撑不住了，而身边却找不到一个可以倾诉的对象。他的出现，着实像冬日里的一缕阳光，给她的心带来了温暖。就这样，他们的联系不知不觉地多了起来。偶尔，她和丈夫闹了些许矛盾，受了点委屈，也会找他倾诉。他总是那么懂女人的心，总是那么会安慰人，每每和他聊过后，她都觉得自己轻松了许多。和他聊天的感觉，让她忘记了烦恼，也忘记了自己是女儿、妻子、母亲。

这种状态持续了大半年，她在短信里说：“如果我们能够在一起，哪怕生活在偏僻的村落，我也知足。”她期待着他很快能给自己一个回应，可是他那边却是长长的沉默。第二天，她在手机里看到了他的回复：“唐棣之华，偏其反而。岂不尔思，室是远而。”

她盯着手机里这几行字，中文系科班出身的她，心里当然明白他在说什么。唐棣的花朵翩翩地摇摆，我岂能不想念你吗？只是家住的地方太远了。他是真的想念我吗？如果真的想念，又有什么遥远呢？这些字伤了她的心。每到深夜，她的心又荡起涟漪时，她便会想起这段话，任凭锥心的疼痛在心里蔓延。

几个月后，他突然说要来她的城市，并试探着问她能否见一面。这一次，沉默的人是她。可是，她的心却不忍拒绝电话那头软声细语、小心翼翼说话的他。她淡淡地说：“你来吧。”

他下火车的时候，已经是晚上6点了。那时的她还在办公室加班。她先是收到了丈夫询问吃晚饭的消息，后又收到了他的短信。她反复地看着这两条短信，心里犹豫着。等到天黑时，办公室里的人都走光了，她依然在工位上坐着，望着窗外灯红酒绿的城市，默然不语。她不知道过了多久，直到手机的短信铃声打断了她的思绪，那是丈夫发来的短信。屏幕上只有短短几行字，她看着，片刻之后眼泪模糊了屏幕。

至今，她依然留着那一条短信：“爱，不是一个字，不是一句话，不是一时的激情，不是瞬间的感动，爱是一生的坚持。亲爱的，回家，等你。”

我们为她感到庆幸，她没有去摘围城外那一朵“有毒”的花；我们也为她感到幸福，因为围城里有个人愿意为她栽满爱的玫瑰。爱不是简简单单的一个字，而是一生的坚持。相爱容易相守难，这是任何婚姻都通用的定式。相爱时的浪漫总是令人心醉的，只可惜当浪漫之花与现实的寒流相遇，便即刻凋零。淡定而睿智的女人，不会因为浪漫之花的凋落而迷恋围城外的风景，面对这些诱惑她只会倚在墙头看看，调节调节心情，因

淡定 | 寄语

我认为婚姻最坚韧的纽带不是孩子，不是金钱，而是精神上的共同成长。

——杨澜

为她知道，那只是一朵迷惑人的、不会结果的毒花。一旦靠近了它，它便会用迷人的香气侵蚀掉自己所有的幸福。

夏日的傍晚，一对老人牵着手在夕阳的余晖下漫步，这样的日子，他们已经共同走过了50个春秋。

在他30岁那年，经人介绍与她相识。相亲的那天晚上，她就坐在媒人家的土炕上，羞涩地不敢抬头，旁边坐着她的表姐。透过昏暗的灯光，他只看见了那胖乎乎的表姐，却没有看见她。他回家后，跟媒人说不行，那女人不是自己想要的。

后来，又经媒人的几番撮合，他和她最终走到了一起。到了结婚那天，他才发现娶回家的不是那个胖乎乎的女人，而是自己一直在苦苦寻找的那个姑娘。

漫长的岁月里，他们守着一份平淡的生活，养育了三个儿女。后来，儿女们都相继成家了，并都在城市里有了自己的家。他不喜欢出门，而她每次去城里看望儿女，也总是匆匆地去，匆匆地回。她担心自己不在家的日子，没有人给他做饭，怕他吃不好。

他最爱羊肉馅饺子，几乎每周她都会给他包上一两顿。尽管她自己从来都不吃羊肉，甚至闻到羊肉味还觉得有些恶心。

春夏秋冬，来来回回。他们的生活一天一天看似没什么大变化，可在这50载的春秋里，他们恩恩爱爱，坚守着一份平实的感情，却是夫妻间最难得的境界。

这一对白发苍苍的人生伴侣没有天长地久的承诺，没有地老天荒的誓言，可那相融的身影相扶相携让我们明白了，淡淡的爱才会幸福到白头。

记得曾经看过一则动人的微小说：

他向她求婚时，只说了三个字：相信我；她为他生下第一个女儿的时候，他对她说：辛苦了；女儿出嫁那天，他搂着她的肩说：还有我；收到她病危通知的那天，他对她说：我在这；她要走的那一刻，他亲吻她的额头轻声说：你等我。这一生，他没对她说过一次“我爱你”。但爱，从未离开过。

爱，有时真的不需多说什么，只在生活的点滴中便可见深浅。婚姻这座围墙里有着太多琐碎的事情，唯有与属于自己的另一半一起静下心来，耐心地去经营，才能够在平淡的日子里发现美。要知道，幸福就像玻璃球，散落在时间的每一个角落，只是有的人捡到的大，有的人捡到的小，形状不一罢了，但是没有人能够拥有全部。坚信选自己所爱，爱自己所选，一辈子用心呵护好一段感情，你就是最幸福的女人。

拥有自己的幸福就够了

有个年轻俊朗的画家，家境殷实，还娶了一位温柔体贴的妻子，日子过得很富足。可他终日闷闷不乐，总觉得自己的人生比别人少点什么。

一天夜里，他碰到了一位老者。他向老者诉苦，说自己什么都有，只欠幸福。老者笑着说："我明白了。"于是，老者毁了画家俊朗的容貌，夺走了他的绘画才能，让他的家里变得一无所有，妻子也离他而去。

一个月后，老者又见到了画家。这时候，他已经饿得头晕眼花，在地上苦苦挣扎。老者见此情形，便把他失去的一切又还给了他。

又过了一个月，老者再次去看那位画家。他在花园里画画，妻子在一旁看着，两人有说有笑，很是恩爱。见到老者，画家不住地道谢，因为他知道什么是幸福了。

失去后才懂珍惜，才知道曾经的自己有多么幸福，这是人的普遍心理。可惜，故事是故事，它可以让画家失而复得，而生活中的许多东西，一旦失去就很难再回到从前，错过了就是一辈子。感情世界里的很多女人，往往对自己的幸福熟视无睹，不满眼下的生活，总觉着少了些浪漫的情调，少了些物质上的奢华，少了些……总之觉得自己不够幸福，在平淡的日子里找不到让自己快乐的闪光点，眼里满是别人的幸福，给自己的心灵蒙上了一层灰尘。

相传，人来到世界上就是为了寻找幸福，可是上天悄悄地把幸福藏在人心里，却没有告诉他们。于是，世界上就多了许多在匆忙中寻找幸福的人。直到累了，倦了，心不再浮躁了，才专注于自己的内心，这时候却突然觉得比以往都幸福了。这时候，也才发现，其实每个人的身后都背着幸福，只是自己一直盯着别人的幸福看，忘了感受自己的幸福。

毕业十周年聚会上，苒艳若桃花，光彩照人，浑身散发着成熟女性的美，这让在场的女士们无不羡慕。尽管如此，聚会结束后的苒还是不太高兴。

看到苒沉默不语的样子，好友琳觉得很奇怪："大美女，每次聚会你可都是焦点人物，出尽了风头啊，怎么还不高兴了？难不成是乐极生悲了？"

苒感叹道："唉，有什么好羡慕的。你看见S了吗？人家珠光宝气，开的是宝马，拿的是LV；再看L，新买了一套复式房，那地段的房价要2万多一平；还有H，她老公现在都已经成了局里的领导了……"

琳笑了，推了她一下说："就因为这个呀？你可真是光看贼吃肉，没见贼挨打。S穿戴是好，可她结婚十年了，怎么都怀不上孩子；L那房子是大，可她老公一个月回不了几次家，而且人也粗暴得很，每次见面都吵架……换个角度看看这些事，谁都有自己的苦衷，可不是每件事都能拿出来说呀！你有什么可烦恼的呀？工作顺心，家人健康，丈夫能干又体贴，儿子聪明学习成绩又好，这日子虽算不上大富大贵，可也算是小康水平，多少人羡慕你呢！"

听到这些，苒突然觉得自己很可笑，她感慨地说："没错，听你这样一说，我才觉着其实自己一直都挺幸福的。"

忽略了幸福的存在，却抱怨生活不幸福，这种心态不是苒一个人才有。生活原本就是简简单单，幸福也不都是来得轰轰烈烈，能够安安静静地过日子，就已经是莫大的福分了。我们眼里看到的别人的幸福，或许只是一个幸福的外壳，个中滋味怎么样，唯有当事人才知道。若是拿着自己的幸福，还巴望着别人的幸福，甚至为此无限夸大生活的不幸，费尽心机去追寻未知的结果，最后往往会弄丢手里已有的东西。

生活是否幸福美满，在于自己是否真的感到满足。如果懂得放下原本嘈杂的心，用心去品味生活的点滴，就会发现，静静守着自己的幸福就是最大的富足。

淡定 | 寄语

一个人如能让自己经常维持像孩子一般纯洁的心灵，用乐观的心情做事，用善良的心肠待人，光明坦白，他的人生一定比别人快乐得多。

——罗兰

她本以为婚姻生活就是自己预想的二人世界，只有两个人的相互依偎。可真的走进了围城，一件一件要考虑的事摆在眼前——车子、房子、工作、赡养老人、各种保险的开销，她突然觉得恐慌，甚至有时会烦躁地与丈夫吵闹。

或许，一切都是源自钱。她本不是那种特别看重金钱的女人，总觉得日子美满就行了。可结婚后，外加又想要孩子，她不得不去想自己和丈夫能否承受得起经济压力。于是，当别人炫耀自己的老公升职，谈论谁家又换了新车，谁谁谁又开了公司的时候，她变得不那么淡定了。时间一长，她难免会对丈夫心生抱怨，说他在单位里默默无闻，没有能力让她买名牌，抱怨生活没意思，开销那么大，活得太辛苦。

丈夫起初还觉得有点“亏欠”她，没能给她更好的生活。可渐渐地，他也变得冷淡了。两个人之间投机的话越来越少，口角却不断增多。丈夫说她变了，变得世俗和势力。面对丈夫的指责，她更是一肚子怨火。终于有一天，两人争吵过后，她摔门离去。

那一天，外面正下着小雨，她一个人在街上游荡，看着细雨中你侬我侬的情侣，心中有种难言的痛楚。她躲在一家商店的屋檐下，看着雨中的车水马龙。一对小情侣站在她旁边，相互依偎着，男孩把身上的衣服披在女孩身上，两人共同打着一把破旧的伞，女孩一脸幸福。他们在这个城市里并不起眼，甚至看起来有些“落魄”，可他们脸上的笑却掩盖不住内心对生活的满足。

她想到多年前，自己也曾和丈夫有过如此温馨的画面，她也曾坐在他自行车的后座上幸福地笑。那时候的生活还不如现在，两人租住在一间屋子里，赚的钱刚刚够维持生活，可他们相濡以沫，两颗心贴得是那么紧。如今，为什么不知道满足了呢?

雨停了，商店里传出周华健的那首《一起吃苦的幸福》：“我们越来越爱回忆了，是不是因为不敢期待未来呢，你说世界好像天天在倾塌着，只能弯腰低头把梦越做越小了……就算有些事烦恼无助，至少我们有一起吃苦的幸福，每一次当爱走到绝路，往事一幕幕会将我们搂住。”她掉头去了菜市场，买了很多丈夫喜欢吃的菜。

丈夫看见她拎着菜回家，很高兴，但也没多说什么。她在厨房里忙活，很快就做了一桌子菜。她温柔地叫丈夫吃饭，看着眼前的情景，她还未开口，丈夫就说："对不起，都是我不好，我不该怪你。"

她听了之后，眼泪掉了下来。不管自己做错什么，能有一个人如此地包容自己，愿意和她共度一生，还有什么可抱怨的呢？有个相爱的人，有个温馨的家，这些都是钱买不到的，既然拥有就该珍惜。这样平淡而真实的日子，才是生活最真实的面貌，也是最幸福的生活。

身处世俗闹市，免不了受到周围环境和人事的影响。女人心思细腻敏感，更容易受他人的影响，心里或许并不情愿追求那样的生活，却不知不觉地受别人的影响，不知不觉地和别人进行攀比。到最后却发现，自己拥有的再多，也比不上原本平淡无奇的生活来得实在。

让心淡定一点吧，安心地守着自己的幸福，别人的幸福终究与你无关。你现在拥有的就是最好的，因为它是你伸手就能触摸到的。

爱得淡一点，爱得久一点

张爱玲说："女人在爱情中生出卑微之心，一直低，低到尘土里，然后，从尘土里开出花来。"或许张爱玲不过是想告诉世间女子：爱情让人心生卑微。爱上一个人，你会觉得他伟岸高贵，会觉得他是世间最好的男子。他的一切在你眼里都是那么荣光，他就是你的天。爱上一个人，你会觉得自己不过是这天底下一朵渺小的花朵，需要仰起头，才能让他看到。若他看到了，那便是自己的幸运。

然而，因为这句话，世间太多女人以爱之名一次次地放低自己，低到了尘埃里。只可惜，当她所爱的人没有低头时，她那颗卑微的心就永远被埋在尘土里，再也没有放出光芒。

曾经看过一则关于爱情的寓言故事，用在这里再恰当不过。

老鼠深深地爱上了蝙蝠，思虑再三，终于鼓起勇气向蝙蝠表白。不料，却遭到了蝙蝠的拒绝。

老鼠不甘心，说道："你为什么不肯给我一次机会？你看不出我是真心的吗？"

蝙蝠淡淡地说："我们不是同类，不适合在一起。我渴望跟我爱的人一起飞翔，而你没有翅膀，如何能够与我一同飞翔？"

老鼠说："我们可以一同在陆地上生活呀！"

蝙蝠平静地说："我说过，我不爱你。我不会为你放弃飞翔。"

老鼠悲痛欲绝，它说："好吧。既然想要与你在一起，总要有个人做出牺牲。我愿意为你改变自己，如果我学会飞翔，你就会爱我，对吗？"

蝙蝠很无奈，说："你不可能学会飞翔的，因为你没有翅膀。"

此时的老鼠已经被爱冲昏了头脑，它说："我相信爱情的力量，也相信你会为我感动。爱情可以让我飞翔。不信的话，我现在就可以飞给你看。"

说着，老鼠找来了两片与蝙蝠翅膀差不多大小的树叶，一面扇动者，一面向悬崖边跑去……

爱应该从容，而不是卑微，更不是拼命。爱得从容，不是爱得不深，而是爱得很清淡、很理智、很悠远。不会为爱冲动地做傻事，也不会为爱、为对方而违心地活着。

她是公司里的会计，模样俏丽，工作能力强，公司上下不少未婚的男士都暗暗向她抛绣球，而老板对她也非常赏识。

终于，在一个大雪纷飞的平安夜，这朵俏丽的"花"，落到了市场部的一个普通职员那里。一时间，她身边的不少朋友都觉得诧异："那么多优秀的男人你不要，怎么就看中他了？他就是个普通职员啊！"

"爱情与这些有关吗？爱了就爱了，管他是普通平凡，还是雍容华贵！"她淡淡地说。

很快，她陷入了爱情的蜜罐里。半年后，男人向她求婚。她说："这会不会太快了？你让我再考虑考虑吧……"嘴上说考虑，可她心里却是一百个愿意。

一天，男人找到她，给了她一堆发票，让她给报销。她告诉男人，不是公款公用的没法报销。

男人笑了说："这还不是你做主的事？再说，我也是为了咱们以后日子过得更好。一个月报几百，对这么大的公司来说算什么呀？根本不会有人知道。"

女人突然间觉得眼前这个男人很陌生，她说："上次的事，我已经考虑清楚了。我们分手吧。我觉得，你不是我生命中要找的那个人。"

她很难过，因为说分手的那一刻，

淡定 | 寄语

没有哪个男人可以摧毁你的美丽，只有你自己，没有哪个男人可以践踏你的尊严，除非你甘愿下贱。

——辛唐米娜

她还爱着他；可她又很庆幸，庆幸自己在婚前看清楚了这个男人的品性。

在爱情中，我们都有权利尽情地享受，但心底却要埋下一条线，一条底线。一旦爱情中的另外一个人触碰了那条底线，我们就要清醒，找回理智。

曾经，有个女孩无法接受男友提出的分手决定，便苦苦哀求对方，说："我不能没有你，我不敢想象以后的日子要怎么过。你说我的朋友不喜欢你，我可以少和她们来往；你说我的父母不喜欢你，我们以后可以少回几次家；你说你不喜欢我的缺点，你列出来，我都可以改；你不喜欢的事我保证不再做……"可是，男友却说："就因为你这样，我才没办法和你继续在一起。你让我觉得太累了，爱不是一个人的事，你总是太拼命，而我却无能为力。"

为了爱牺牲自我，失去自我，闹得众叛亲离，甚至伤害身边最亲近的人，这是爱还是丧失理智？多希望这个女孩能够明白，人不可能只靠爱情活着，那样的生命是不完整的。爱得越从容，心便越理智；爱得越冲动，心便会迷失。真正的爱，绝不是一下子用尽全力、冲动到不顾后果地去展示自己的爱，而是在漫长的岁月长河里用点点滴滴的细微之处慢慢沁润对方的心。再者，为了一个男人改变自己的一切，放弃自我，那还是你吗？爱得太拼命、太用力，感动不了对方，只会给他的心理增加包袱。

爱情是伟大的，但同时也是渺小的。女人无须为了爱放弃一切，更无须卑微。张爱玲说的那句话，我们不妨换个角度去理解：因为爱上了他，所以在卑微的尘埃里努力地生长，然后让自己开成一朵花。爱得从容一点，爱得淡定一点，花开半朵、酒醉微醺，方能让爱细水长流。

不缠绕，不牵绊，不占有

微博上有这样一段话：如果你问一百个女人，最让她感动的三个字是什么？多数女人的答案不是“我爱你”，而是“在一起”。

女人都是带着美好的憧憬走进婚姻围城的，能够在有限的生命遇到最美的爱情，她们势必格外珍惜，而每一个“在一起”的日子无疑就成了生命中最可贵的时光。

可惜的是，生活并不能如人所愿。时间久了，两个人之间的浪漫爱情落实到了柴米油盐的婚姻中，一切变得那么现实、那么没有悬念，往日的缠绵悱恻和朝朝暮暮的情怀，似乎也渐渐消退了。当初那怦然心动的感觉，也开始变淡；拉着他的手，就像拉自己的手一样；曾经的约会，成了简单的一起出行；就连夫妻间最亲密的那件事，似乎也成了例行公事……女人习惯把这样的生活说成“嚼蜡”，索然无味。世人常说的“三年之痛”，无不是在形容很多女人对于褪去爱情外衣的婚姻生活的心灵感受。

没错，真实的生活确实平淡无奇，不可能每天都有玫瑰和烛光晚餐，也不可能每天都有甜言蜜语和小惊喜。可仔细想想，任何一段婚姻，最终都要回归于平淡，都无法逃脱这样的模式。只不过，那些令人羡煞的圆满的婚姻背后，都有一个睿智的女人，懂得在平淡的日子里守护好那份爱，让它不褪色，不走样。

转眼间，七年的时光，行云流水般过去了。夫妻二人每天重复着同样的事情，不同的只是那颗越来越焦躁的心。

一天，女人对男人说：“我要出差一周，会议比较多，这期间不要给我打电话，完事了我自然就回来了。”嘱咐过后，女人带着行李箱走了。

期间，他因为一些琐事给她打过电话，关机。给女人的公司打电话询问，却被告知请假一周。

男人心里突然感到不安，他发疯一样地到处寻找她，给她的朋友一一打电话。最后，终于在一家宾馆里找到正喝着红酒，听着慢摇音乐，穿着睡衣随着音乐扭动着的她……看到她这个样子，他惊呆了。看到他突然出现在自己面前，女人也惊呆了。

淡定 | 寄语

不要束缚，不要缠绕，不要占有，不要渴望从对方身上挖掘到意义；那是注定要落空的东西。

——安妮宝贝

他有些失控，疯了一样地奔向女人，抓起她的手腕，然后又开始四处搜寻，想要找到一个自己想象中存在的那么一个男人。可惜，什么也没找到。

他质问她："你这样躲躲藏藏，到底想隐藏什么？"

女人淡淡地说："藏我自己，偶尔……"

"为什么要藏自己，难道你想逃离我们的爱？"

"我想守住我们的爱。所以，我带它出来透透气，吹吹风，为它保鲜。"

爱情最怕没有"变数"，这种"变数"指的不是"不坚定"，而是生活中一些可以人为制造的一些美好的小插曲。当往日的激情化为平淡的生活，女人要做的不是任其洗礼，磨灭自己对爱、对生活的美好憧憬，而是要学会享受平淡，并在平淡之中幻化美好。就像故事中的女人，偶尔给爱透透气，为爱保鲜。

记得有位哲人曾说："爱情就像手中的沙子，握得越紧，流失得越快；当你微微松开手，反倒留住了沙。"在爱情平淡期里，最好的保鲜方式就是放松，哪怕再爱，也要给彼此留出一点呼吸的空间，爱不是占有，而是给彼此自由。

你大概也听过两只刺猬的故事。天气寒冷的时候，刺猬为了取暖，拼命地往一起靠，可它们靠近时身上的毛尖又会刺痛对方。于是，它们又分开，分开后因为冷又重新聚在一起，反复试了几次之后，它们终于找到了彼此间最佳的距离，既能够温暖自己和对方，又不互相伤害。想想爱情和婚姻，不也是这个道理吗？

快到下班的时间了，他的手机震了起来。

电话那头传来了女人柔柔软软的声音："老公，今天你单位忙吗？要是没什么事的话你去接孩子吧。晚饭随便弄点，等你做得差不多了我也就到家啦。”

这是一个朋友眼中幸福的小女人，丈夫对她呵护备至、体贴有加，把她像宝一样捧在手心里，家中所有家务几乎全部包揽。

“又要和朋友去逛街吗？你就不能主动回家做次饭？”丈夫说。

这话音，显然是丈夫今天的心情不好。女人也没多问，转而娇滴滴地说：“好吧，今天就让我表现表现！你出去散散心，别惦记家里，晚上开车注意安全……”

果然，丈夫没有准时回来做饭、吃饭。饭桌上，孩子问妈妈，爸爸怎么没有回来吃饭，女人说：“爸爸想失踪一会儿。”

孩子眨巴眨巴两只大眼睛，不解地看着妈妈。女人刮了一下儿子的小鼻头，笑着说：“乖宝贝，不用担心爸爸，他只是出去放放风，就像捉迷藏一样。我们不用找他，时间到了，他自然就回来了。”

午夜时分，钥匙开门的声音。男人不声不响地进了厨房，把女人搞不定的一大摊子锅碗瓢盆和半成品收拾了一遍。

不知何时，两只柔软的手从后面抱住了他的腰。女人贴在男人的后背上，轻轻地说：“我就想着你回来一检查，肯定不合格……”那声调，俨然一个犯了错的孩子。男人顿时笑了，转过身一手把女人抱在怀里：“亲爱的，你辛苦了，还有……谢谢你理解我。”

心理学家说过，盯着一件东西看久了，就会觉得看到的东西不是印象中的样子，从而产生陌生感。当然，东西本身没什么变化，只是人产生了错觉。爱情也一样，太熟悉了往往就经不起琢磨。如果相互之间没有一点距离，反而会让对方感到冷漠。在一起久了，偶尔制造点小距离，给自己、给对方一点自由的空间，用以往没有尝试过的方式去沟通，反倒能带来一些意外的惊喜。

因为爱，所以在一起；在一起，却不等于如影随形。爱是彼此的城堡，每个人都需要呼吸的空间。平淡的流年里，学会不缠绕、不牵绊、不占有，偶尔把心窗打开，让自己的爱、对方的爱，出去透透气。如此，爱才能变得更加鲜活，你无须惧怕失去而拼命抓住不放，因为你的爱不会随风而去。

淡定地处理婚姻中的“芒刺”

《金婚》的主题曲里有一句词：“这一生我和你说过爱，从年轻一直到老。哪怕风雨吹皱了眼角，也不让爱情哭了。曾经相约到永远，终点有谁会知道。红颜已退白发飘，这一生还是你最好。”

一对恋人能够把一份爱从年轻守到双鬓斑白，无疑是世间最令人感动的事之一。可是，滚滚红尘中，到处充斥着诱惑，在爱的旅途中，谁也不敢保证两人都不会暂时“迷路”，谁也不敢保证婚姻不会遭遇“芒刺”。想到曾经的相濡以沫，风雨里携手，苦难中同行，无数个日日夜夜相依相伴的情景，任何女人都不禁心如刀绞。此刻，总会有人控制不住情绪和伤痛，试图用吵闹和责备去“惩罚”他的良心，可结果呢？不是让对方走得更加义无反顾，就是给自己留下一辈子的遗憾。

安妮宝贝说：“当一个女人抬头望向天空的时候，她不是在找寻什么，她只是寂寞。”此刻的安然，正是如此。虽置身于喧哗的闹市，可心中却更觉寂寞孤单。

那个曾经属于他们的温馨小家，如今再没有了他的味道。他的东西已经悉数搬走，唯一留下的是定格在七年前的那张婚纱照。安然不明白，离婚不正是自己所盼望的吗？怎么此刻的她却没有离婚后的解脱和快感，反而心疼得更厉害，伤口蔓延到不可收拾。

她开始想念他对自己的好：生病了，他冒雨送她去医院；在吃上，他从来没有说过“今天我想吃什么”，永远都是“你说吃啥咱吃啥”；不管去哪，只要老公从外面回来，总会给自己买一个热气腾腾的烤红薯，这是她最爱吃的…… 她不知道自己为什么当初闹离婚的时候，没有想起他的好，可现在无论怎么抑制，往事总会一幕幕地跑到她的脑子里，想拦也拦不住。

那时，她心中的确气愤，甚至有恨意。恨丈夫和那个女人在一起一年了，而她是最后一个得知消息的人。起初，她只是对丈夫故作冷淡，希望他能够早点醒悟。可当丈夫和那个女人挽着手逛商场被她和朋友撞上的时候，她疯了一样地扑上去，对准那女人的脸就是一个耳光，然后对两人狠狠地羞辱了一番。尽管当时丈夫难堪地对她说："给我留点面子，有事回家说，这么多人呢……"可她却不依不饶，失去理智一般地喊道："面子，你还知道面子，你要面子，我就不要了吗？做什么不好，非要男盗女娼……"

回到家，两人谁都没有再说话。许久，安然冷漠地说："我们离婚吧！"丈夫听到这几个字，手里的烟都被惊吓掉了。他的确生气，可他心里从来没有想过要和安然离婚，他说："那个女人爱我，可是我爱的一直是你。"老公满脸悔意。安然看到丈夫的这种表情，反而更坚定了自己离婚的信念，她要让他因为背叛爱情而后悔一辈子。

终于，经不起折腾的丈夫同意了离婚。可是，安然却不知道以后的日子该怎么过，因为她已经习惯他的存在。

此刻，一个人在热闹的街头，她望着天空喃喃自语："如果能够重来，我一定不会让你离开。"

面对爱人的背叛，那一瞬间，安然心痛得连呼吸都要停止，只要依然爱着他，哪还有半点理智可言？安然的心思和举动，我们可以理解，但却不敢恭维。她是个重情义的女子，可却不够聪明和理性。很多时候，女人的无理取闹，坚持离婚，只是在加速老公拥别人入怀，而且还名正言顺。你越是无所顾忌地吵闹，他越觉得颜面无存，心生厌烦。这个时候，无论离婚与否，女人都将为自己的一时冲动而受到惩罚，得不偿失。

淡定 | 寄语

最愚蠢的行为，莫如无端端为自己添个战场。

——梁凤仪

生活中并不是所有的出轨，都以离婚告终。很多感情，纵然也曾偏离过轨道，可最终还是回归到了正确的方向上来。面对婚姻的“芒刺”，不管是爱还是不爱，女人都要学会淡定而冷静地处理，唯有如此，才能让你在多年后回想起来，不为冲动草率的决定使自己后悔。

女人已经六十多岁了。尽管皱纹早就爬满额头，但是看起来却是那么慈祥、幸福。丈夫和她相伴几十年，提起他们的故事，人们都会说男人真好，对待老婆真是没得挑。

其实女人并不漂亮，在高大帅气的男人面前，她有些自卑。男人总是喜欢带着女人出现在公众面前，女人明白，这是男人对她的一种尊重、感恩和肯定。

其实女人知道，男人中途也有过“外心”，但是不管怎么样，并没有改变他对她的好。为此，她开始用加倍的好，一点点地唤回他迷离的心。很快，男人和那个女子分手了。那个女子开朗大方，却没有她的温柔体贴；女子给他带来激情，她却让他感觉到踏实温馨；女子一天之间能花光他半个月的薪水，她却为一把青菜和小商小贩讨价还价。男人终于明白，和自己携手走过一辈子的除了她没有别人。

在别人眼中，他们还是一对幸福的良人。她知道只要她不说，男人将永远都是一个好丈夫，而她也把这个秘密放在了心底。她明白，如果相爱，不管发生什么都可以爱如初。

感情里的“芒刺”固然是幸福婚姻的阻碍，可若硬生生地拔掉它，不禁会刺痛对方的心，也会伤了自己。不管是哪一方偏离了轨道，其实都是给双方机会检视两人的婚姻究竟出了什么问题。“芒刺”绝对不是故意而为之，往往都是婚姻中的一方当时的感情状态需要另一方补充，而另一方却忽略了。所以，两个人要学会重新调整互动模式，而不是周而复始地冷战或热吵，这样才能让危机成为转机，转机成为生机，牢牢地守护好自己的婚姻。

如果一段感情到了无法挽回的地步，女人也不要为了多年感情的执着，或者以孩子为理由，说服自己不能离开这段婚姻，而是应该诚恳地面对。永远要知道自己在感情中的自我定位，不要陷入“食之无味弃之可惜”的状态中，拖泥带水。想要这段婚姻，就要学会淡定地处理“芒刺”，接纳“回归”的男人；不想委曲求全，也可以潇洒地离开，重新找寻自己的幸福。

当然，任何事情都最好是防患于未然。相知相遇不容易，想要有一份稳定而长久的幸福婚姻，女人在婚后就要学会爱得“淡一点”，不要把男人太当回事，一味地做“贤妻良母”，而是要有自己的兴趣爱好，有自己的时间和空间，有自己的工作和乐趣。男人专注于事业，家里的女人若一心围绕着男人和家庭转，久而久之势必会与外界脱轨，对男人而言，一个无法再共同讨论事情、没有精神交集的妻子，会让他觉得有些失落，此时外面的红粉知己在他眼里就会比妻子更吸引人。很多时候，并不是他们心中有了别人，只是家里少了一个说话的人，一个懂自己的人罢了。

第5章 留一段安静的时光给自己

——一个人的浮世清欢，一个人的细水长流

对于淡定的女人而言，
孤独不是难耐的时光，
而是升华心灵的必经之路。
张爱玲曾经写过这样一段美丽的文字：
夜那么长，
足够我把每一盏灯都点亮，
守在门旁，
换上我最美丽的衣裳。
我们都该学着享受孤独，
如此才能成为最幸福的女人。

不要因为暂时的寂寞去恋爱

奶茶有一首歌《因为寂寞》，歌中唱道：“会爱上我只是因为你寂寞，虽然你从来不说，你不说我也会懂；其实会爱上你，也是因为我寂寞，因为受不住冷落，空虚的时候好有个寄托……”简简单单的几句话，道出了五光十色的爱情中多少人的缩影？

常言说：“奢侈好像酒，既使人兴奋，又使人衰弱。”其实，在感情世界里，寂寞是酒，诱惑是毒。越是拒绝，越是寂寞；越是寂寞，越是空虚，最后吞下诱惑的毒。每个女人，一生中都会遇到形形色色的诱惑，有些女人足够淡定，能够看得破；有些女人看不破，陷入深渊里挣扎。

他们本是一对青梅竹马的恋人，婚后也很恩爱，可偏偏没挨得过七年之痒。

男人工作很忙，出于应酬免不了要逢场作戏，可有那么两三回他没把持住，出轨了。起初他还觉得有点愧疚，可时间长了，也就觉得无所谓了。

女人是全职太太，终日在家苦等丈夫。渐渐地，耐不住寂寞的她学会了饮酒，她得知丈夫在外面花天酒地有了情人，越想越来气，便找来一位蓝颜知己倾诉。谁料，对方也正遭遇着婚姻的考验，经不起诱惑的两人终于耐不住空虚寂寞走到了一起。

男人没能经得住诱惑，女人没能耐得住寂寞。说到底，他们不够爱对方，不够信任对方。本来可以避免的错误，却一次又一次地故意而为，到了最后竟然都觉得是理所当然，心也麻木了。

他觉得：男人就该有自己的事业，如今我有了，给了她舒适的生活，心里也爱她，这就够了；她应该懂得男人在应酬时需要逢场作戏，偶尔一次假戏真做，她也不会知道。她觉得：我不过是一次出轨了，以后不会再犯就是。倘若有一天他也犯错了，那么我可以原谅他一次。况且，我一辈子不会告诉他自己做错的那件事，以后也不再和那个男人见面，就当什么也没发生过。

淡定 | 寄语

不忠的人是可怜的，他们不是故意不忠，他们是害怕寂寞。要很多很多的爱才可以一个人对另一个人忠贞。

——张小娴

想得都很好，可是某一天，他们还是发生了激烈的冲突。在同一家商场，她看到丈夫陪着一个年轻女人买衣服，他看到妻子买了一件男人的衬衣，可那风格与尺寸，显然不是他的。当时，他们都没有说话，只是像相遇的陌生人。晚上，他们彻夜长谈，这是结婚以来第一次面对面、耐心而又坦诚的交谈。

他说："以前我总是太忙，对你的关心不够，是我不好。可你没有做到一个妻子的忠贞，这是我最难以接受和面对的。"

她说："七年了，你知道我一个人孤单单地在家里等着你，那感觉多难熬吗？你很少回家，你总说自己忙。我不相信。工作忙，只不过是你的借口。好几次我催你回家，看到的都是酩酊大醉的你，还有那一脸不情愿的表情。人是回来了，可是倒在床上，背过身就睡，我就像一个隐形人。我，真的不想再一个人睡那张冰冷的床了。"

第二天，他们离婚了。他们在离婚协议书上毫不犹豫地签字了，宛如当年结婚时的义无反顾。

有人把寂寞比喻成一座空城，把诱惑比喻成城外的围墙。诱惑，就只是寂寞多了一点点，却始终在寂寞之外。我们总是先耐不住内心的寂寞，才会被诱惑，非要因为诱惑而失去时，才明白自己错得离谱，可惜往前一步是山崖，退后一步是望不穿的沙漠。怎么选择都是痛苦，这就是寂寞与诱惑的夹缝。

女人要清楚自己想要什么，能够要什么。在喧嚣繁华的城市里生活，在诱惑颇多的感情路上，要有一颗绝对淡定的心，耐得住寂寞，才守得住幸福。

她的事业如日中天，她的爱情却平淡如水。与男友相识相知，到现在已有十年了。他们的激情，早已随着时间的流逝，被冲刷得所剩无几了。日子就像一道越流越平缓的溪水，就算是扔下一块石头，也激不起什么波澜。习惯了两个人在一起，习惯了平静如水的生活，彼此之间没有过背叛和外心，即便没有热烈，却也没有分手的理由。食之无味，弃之可惜，是她最真实的感受。

或许是对于感情没有太多的想法，她才把所有的精力都转移到工作中。付出总有回报，她优秀的业绩和出色的能力，引起了一个男人的注意，那就是她的上司。上司是个相貌平常、成熟世故的男人，他之所以有今天的成就，与他那出身富贵的太太有很大关系。即便他并非吃软饭的男人，可他所依靠的，还是婚姻赋予他的。

上司经常借故留她加班，实则是请她吃饭，和她聊天，偶尔，还会送一些名贵的礼物给她。她自然明白上司的用意，因为对方已经几次暗示过她，若是能够接受他的好意，便可以得到更多的工作机会，升职加薪都没问题。她站在道德和名利的夹缝中，左右为难。她知道这样做的结果，所以一直都没有下定决心。世故的上司显然看出了她的动摇，便借机给了她一个表现自己的机会。当她取得了事业上前所未有的成功，看到周围人投来的那些艳羡的目光，她心中有了一种骄傲和虚荣的快感。她觉得，当初倾尽努力也无法达到的巅峰，已经开始一点点地向自己招手。于是，她迈出了第一步。

她心里明白，对于上司并不是爱，他们维持着身体上的男欢女爱，就如同一种心照不宣的交易。上司享受着婚姻之外的激情，她得到了事业上的平步青云。这一切，她的男友毫不知情，依旧对她体贴入微，依旧给予着她亲人般的关爱。她心里有愧疚，和男友一起的时候，她总是尽其所能地温柔一些，似乎在用这样的方式忏悔和补偿。男友以为找回了曾经的美好，心里很是高兴，而她却愈发对自己的功利行为感到憎恶，甚至有时也会看不起自己，但成功的梦想却吸引着她无法停下脚步。

没有不透风的墙，终于有一天，上司的老婆跑到公司里，当着所有人的面打了她一巴掌，告诉她："你不过是我丈夫的玩物而已，还是众多玩物中的一个。他现在的一切都是我的，你觉得你还能从他身上得到什么？"在场的所有的人都震惊了，窃窃私语，从前的艳羡也成了鄙夷。她无地自容，脸上火辣辣的，迅速逃离了众人。她知道，这是玩火自焚的下场。

男友当然也知道了这些事，她没解释什么，已经做好了分手的准备。没想到，男友非但没有指责，反而告诉她：人生总有曲折路，走错了只要及时发现，回归正路就好。从前，是他忽略了她，才让他们的感情进入了盲区，一个人的寂寞其实是两个人的错。

她心如刀绞，愧疚、自责、感动的情绪一股脑都涌了上来。她终于明白，名利都是浮云，能够陪伴自己到最后的，还是真爱。

世间没有不老的爱情，当生活归于平静，枯燥重蹈覆辙，就不要想着下一场浪漫在哪里滋生。浪漫如烟花一样美丽，也如炸弹一样会硝烟四起；名利如流星般璀璨，却也不过是过眼云烟。世上没有完美的事，选择了一段感情就要好好经营，能够陪你走过风雨的，才是真正属于你的归宿。孤独的时候，学会打理自己的生活，学会享受寂寞，彼此尊重这样的时刻，你会得到更多意想不到的快乐。唯有在爱中淡定自持，保持着一份平静，才能体会到知足常乐的幸福。

孤独是人生的一段好时光

尼采说过，孤独是美的，因为它可以纯净生活。置身于孤独，你可以感受前所未有的清静与悠然。不管身外是潮起潮落，还是斗转星移；不管世间是秋叶飘零，还是百花竞开，只知沉沉的深思，开启了那关闭已久的心扉。

某天下午，办公室里的三个女人正演绎着一台"戏"。

胖乎乎的女孩A开心地喝着下午茶，嘴里说道："呵，男朋友给买的，刚刚开车送来，知道咱们临时办公的地方偏，没有卖好吃的地方……"邻桌的女同事B好生羡慕，故意提高嗓门说："唉，真幸福，怎么就没人给我送呢？"说完，转过头对着不太爱凑热闹的C说："看看人家，你也赶紧找个送爱心零食的人吧！"C对于这种问题，实在很无奈，只好回应着说："那你给我找一个吧！"

其实，C心里想说：为什么一定要找一个可以给自己买零食的人呢？自己也可以去买。没有恋人，不代表过得不好，一个人的生活同样可以很诗意，很灿烂。恋爱结婚都是顺其自然的事，若是非要等到那时再去体味幸福，那么之前一个人的时光岂不白白浪费了吗?

她是这么想的，也是这么做的。30岁的她，不觉得一个人的日子很孤独。情人节那天，多少女人看到出入成双的情侣心生羡慕，可C却很淡然，她给自己买了一盒巧克力，到电影院看了一场电影，过得也很有情调。她相信，该来的总会来，不管是一个人还是两个人，都只是生活的方式，它们的内容应该是一样的，那就是充实和幸福。

人生是一个人的旅行。父母不能永远陪伴你，牵手走过人生的伴侣也会有先离开的那一个，孩子长大后有自己的生活，更无法一直守在你的床前。没有人能够同你相依一辈子，除了你自己，孤独、寂寞是生命之曲的基调。女人C的那种清美，那种不急不躁、不卑不亢、静心等待、懂得珍惜的心境，无疑给每个身处浮躁社会的女人上了一堂心灵课。

孤独是一种圆融的状态，不该有焦躁的情绪，也不该有恐惧和空虚，而是应该以最放松的姿态与自己相处。不管处于什么样的环境，都能够让自己安静下来，不受外物的干扰和羁绊，自得其乐。

淡定 | 寄语

一个人的世界，很安静，安静得可以听到自己的呼吸声和心跳声。冷了，给自己加件外套；饿了，给自己买个面包；病了，给自己一份坚强；失败了，给自己一个目标；跌倒了，在伤痛中爬起并给自己一个宽容的微笑。

——席慕容

距离上一次恋爱，已经有两年的时间了。感情上的空白，似乎掏空了安洁的心，让她难以适应一个人的生活。上班的时候，她挂着MSN和QQ，一天的时间里有三分之一是在与朋友闲聊。下班后的她，更是不愿意回家，实在找不到一起吃晚饭的人，她就一个人到游戏厅玩，或是去夜店。过去，她很少去夜店，也很少喝酒，可如今的她却越发地喜欢"凑热闹"，在人群中感觉不孤单，可回家后却更觉得空虚。

直到前不久，她在网上遇到了一个几年未见的密友。那位朋友如今人在国外，单身。说起彼此这两年的近况，安洁突然觉得有点惭愧。朋友22岁那年到英国读研，毕业后一个人走过许多国家，还曾经做过义工，她给安洁发了不少照片，每一张似乎都是一种经历。她的生活是那样充实，她的笑是那么灿烂，丝毫看不出这个身处异国他乡的女人有孤独和失落之态。

同样是女子，同样是单身，为什么我如此浮躁？安洁那颗空空的、漂浮着的心，突然间好像落了地，她决定告别那个害怕孤单寂寞的自己，重新开始一个人的生活。她不再煲电话粥倾诉自己的寂寞，也不再上网聊天打发时间，工作中的她很投入，生活中的她很惬意，看看书，听听音乐，练练瑜伽，报一个喜欢的兴趣班……这一次，她体会到了什么叫作"一个人的精彩"。

安洁远离了喧嚣与嘈杂的环境，给自己一片独处空间，将过去的日子在一个人的时光里轻轻地梳理与慢慢地沉淀，凌乱不堪的生活逐渐变得清澈，她虚空的心灵又重新找到久违的厚实感。其实，孤独不可怕，可怕的是不懂得孤独的深意，没有在孤独中沉下那颗漂浮的心，把那份宁静当成了冷清。沉湎于浮躁和焦虑中，自然体会不到孤独所拥有的那独特的滋味。

在纷繁复杂的尘世间，女人该拥有一份属于自己的时光，让灵感在孤独中萌发，让思想在孤独中闪烁，让美丽在孤独中更具内涵。如此，才能在漫漫的人生旅途上走得更加从容与沉稳。

留一点独处的时间与心灵对话

多数女人害怕孤独，觉得孤独就意味着没有朋友，生活单调乏味，殊不知，缺乏独处的生活，远比孤独更可怕。

澳大利亚的一位动物学家，曾经从亚马逊河流域带回两只猴子。其中一只长得非常壮硕，另一只瘦瘦小小。动物学家把它们分别关在两个笼子里，每天都精心喂养，观察它们的生活习惯和变化。奇怪的是，一年之后，那只壮硕的大猴子竟然死了，而那只瘦猴子却活得好好的。为了不中断自己的研究，动物学家又找来一只壮硕的猴子，可是没过几个月，情况又和上一次一样，壮硕的猴子死了。

数年之后，动物学家重返当年那个地方，对猴群进行研究。结果发现，体格壮硕的猴子总是在追逐打闹，而那些瘦弱的猴子则更喜欢安静地待着，独自晒晒太阳，闭目养神，情绪非常平稳，所以它们能够长时间地活下来。最后，动物学家得出了结论：缺乏交往的生活是一种缺陷，缺乏独处的生活则是一种灾难。

我们不该害怕孤独，更不该遗忘孤独。真正的孤独是一种享受，它教我们远离红尘烦扰，冷静地思考自己的过与失，还能把自己放在一个适当的角度深刻解剖。哈瑞·艾默生·福斯狄克说过一句富有诗意的话“不能忍受独处生活的人，就像受风吹拂的池塘，风不停，永远无法获得平静，反映自己美好的东西”。

孤独是一种奢侈，它需要时间，需要空间，更需要心境。身处忙碌而浮躁的社会，女人会感觉每件事似乎都跟自己有关，停不下匆忙的脚步，躲不开拥挤的人群，剪不断恼人的思绪，心灵被外物所遮蔽、掩饰，浮躁的情绪充斥着整颗心，她们已经忘了给自己留一点独处的时间，对自己的心说说话。直到有一天，她们会发现心灵的空间已经缩得很小很小，生命的风帆也开始慢慢萎缩，飘摇着找不到前进的方向。

小美六年前到一家外企工作，起初只是一名前台，可如今的她已经坐上了行政主管的位子。六年来，她早出晚归，卖力地工作，所有休息的时间也都用在了工作和学习上。尽管在上司眼里她是优秀的员工，在同事的眼里她是个出色的主管，可在她自己的心里，却越来越不了解自己了。

这半年，她总是情绪烦躁，和同事的关系也不如从前那样自在，很多事明明可以做好，现在却有些不知所措。浮躁和厌倦包围着她，精力总是不能集中，坐在办公室里有种想要逃离的冲动，想远离人群，到新的环境和生活状态中去。这种痛苦的情绪，折磨得她日夜难安。她告诉自己：我需要冷静地想想自己是怎么了？

终于，又到了休年假的日子。这一次，小美带上行囊，独自一人去了郊区，租住了一间农家院，每天一个人吃饭、散步，在山水间领略自然的美好，没有工作的烦恼，没有生活的压力，彻底地放空了身心。七天过后，她带着饱满的精神回到了公司，感觉一切又和当初一样了。

小美的心理迷失现象，很多职业女性都有过，或是正在经历着。当生活或工作被安排得太满，没有给心灵留出足够的时间与空间时，就会产生迷茫感，整个人像掉进了泥潭一般。这个时候，即便是换工作、换环境，情况也未必有好转。此时，最需要的是一个孤独的环境，不受任何事情的干扰，静静地聆听内心真实的声音，了解内心的变化。独处就像一根希望的绳子，把人从泥潭中拉出来；独处的时光，给了心灵休憩的地方，让人学会安静思考，沉下心来和自己对话。

有个女人，写了一本畅销书，一下子成了“名人”。此后，很多朋友都找不到她了。打电话总是关机，家里的座机也没人接，有人说她是在故意摆架子，也有人说她是有了名利就忘了朋友。后来，终于有一天，她主动给朋友打电话，接到电话的朋友说：“你去哪儿了？是不是

淡定 | 寄语

我绝不会去羡慕那些完美无缺的人，我觉得我的孤独是我的宇宙的一部分，而不是应该去除的病灶。

——吉本·芭娜娜

到国外度假了？还是采访太多档期满了？”她很神秘地告诉朋友：“我哪儿也没去，我在家享受孤独。”

心灵的宁静是一笔财富，这种财富需要长时间的积累，更需要一份淡定的心境。就像这位成名女作家一样，不为头顶上荣耀的光环眩晕，面对名利她依然选择回归自我，给自己一个独处的空间。这是在生活中沉淀出的成熟，是一种冷静与极强的自我控制。独处的环境，给了她一颗宁静的心，远离诸多纷杂的浮躁，让她的内心更加丰盈。

这个世上没有谁可以忍受绝对的孤独，但是，绝对不能忍受孤独的人却是一个灵魂空虚的人。人生在世，既需要与人交往，从相处中获得快乐，也要重视自己内心的修炼，从优雅宁静的独处中感悟人生。你不必离群索居，更不必终日把自己关在房间里，只要每天抽出一点时间静一静，把独处静思融入到工作、学习之余，就可以让心灵得到休憩。

佛经有云：远离人间的欢乐，为接近智慧，愿独处于寂寞深山。不管是喧嚣的热闹还是一个人的寂寞，都是人生必经的过程。在寂寞里品味人生的五味杂陈，把独处当成一种能力，你就会明白：其实，独处也是人生的一种修行。

享受吧，一个人的旅行

在微博上看到了这样一句话：一辈子总该有那么一回，无所畏惧地背起行囊，独自去旅行。这句话，不禁令人联想起一部慢节奏的电影——《美食祈祷和恋爱》。

女主角伊丽莎白是一个三十岁的女人，拥有一个美国成功女性应该拥有的一切：成功的事业，丈夫，大房子。表面上看起来她很幸福，可实际上她并不知道自己真正要的是什么。她的内心世界，多姿多彩，五颜六色，却始终没有为自己留下一段空白的经历。用她自己的话说："十五岁起，我不是在恋爱就是在分手，我从没为自己活过两个星期，只和自己相处。"年幼时她曾经以为长大后的自己会是儿女成群的母亲，可是婚后的她才发现，自己既不想要孩子，也不想要丈夫。这种纠结让她终日生活在悲伤、恐惧和迷惘中。

为了给自己时间和空间想清楚，伊丽莎白辞掉工作，走出变质的婚姻，摆脱所有的物质羁绊，开始了一个人的旅行。这一走，就是一年。

在意大利罗马，她品尝美食，尽享感官上的满足，在世间最好的比萨与美酒的陪伴下，她感觉到了灵魂的重生。在印度，当地的古鲁和一位牛仔帮助她用四个月的时间走进自己的精神世界，与瑜伽为伴的日子，洗涤了她那颗混乱的心。在印尼的巴厘岛，她找到了平衡世俗的想法和精神超越的艺术，并意外地收获了爱情。

尽情享受美食，感受生活的美好；了解自己的内心世界，与心灵对话；平衡身心，品味爱情，这一切都发生在路上，发生在伊丽莎白一个人独行的日子里。这一场旅途，是一种改变人生的经历，收获的不仅仅是旅途中的风景，而是细微事物给予心灵的感动，以及在孤独中的身心净化。

周国平在《灵魂只能独行》中写过："灵魂永远只能独行，即使两人相爱，他们的灵魂也无法同行。世间最动人的爱不仅是一颗独行的灵魂与另一颗独行的灵魂之间的最深切的呼唤与应答。灵魂的行走，只有一个目标就是寻找上帝。灵魂之所以只能独行，是因为每一个人只有自己寻找，才能找到他的上帝。"

淡定 | 寄语

就算静静的喝个下午茶，吃一块巧克力，也是减压的方法。找出适合自己的小型逃走方式，别在梦中不断的描画大型逃亡线路图，才是真正的"活在当下"。

——吴淡如

伊丽莎白的那一场一个人的旅行，无疑是一场寻找自我灵魂之旅。过去的生活之所以让她感到压抑和迷茫，是因为少了自己的精神世界，用外界的一切来填补心灵的空虚，却从未问过自己的内心，真正需要的是什么？长达一年的独行，并不是一场简单的独自旅行，更重要的是独自行走时，寻求精神世界的富足，借助一个人的时光来感悟生活，感悟生命。

人生如旅。能够找到一路携手的人固然是幸事，可有些时候，有些路只能一个人走，有些风景只能一个人欣赏。耐得住寂寞，善于给自己寻找乐趣和方向的女人，从来不会孤单，大洋深处一次灵魂的呼吸，美术馆里一个静谧的下午，一杯醇厚香甜的美酒，都可以让她们感到惬意和安然。

一个人未必孤独，两个人未必不孤独。伊丽莎白从十五岁到三十岁，十几年的时间里，她都生活在与人为伴的日子里，可到最后她依然觉得空虚寂寞，甚至不知该何去何从？后来，独自一人走在路上，看陌生的风景，遇陌生的人，可心情却大不一样，那种充实与满足感，是之前从未有过的。既然如此，我们何不寻求自我的精神旅程呢？一个人的旅途是随意的，洒脱的，有更多可以支配的时间，也有更多支配的可能。

孤独的时候，就从繁杂的生活中抽出身来，回到只有自己的世界，而后寻找自己灵魂生长的必要空间。与人一起游山玩水，不过是旅游和消遣，唯有独自面对浩瀚的大海时，才能够真正感受到自己与大自然心灵的沟通。不管是一个人的旅途，还是一个人的生活，女人都该耐得住寂寞，把孤独当成一种绝美的心境来体会。

在没有花香的小路上盛开

林清玄有一篇散文名叫《心田上的百合花开》，曾感动了亿万读者。它讲述的是，在人迹罕见的山谷断崖上，长出了一株百合。刚刚诞生的时候，它与周围的杂草没什么区别，唯有它自己知道，它是一株百合而不是一棵草。它努力地吸收着阳光和雨露，不放过任何一个成长的机会，即便周围的杂草嘲笑它是白日做梦，蝴蝶也劝说它这种努力是白费功夫，可它依旧坚信自己的使命：等到花开的那一天。终于，在多年以后，山谷、草原和悬崖边，到处都开满了美丽的百合花。

生长在断崖上，开出美丽的花朵，这是与生长环境的抗争；野草的讥讽嘲笑、蜂蝶的鄙夷是生活中的严酷考验。野百合是执着的，野百合更是智慧的，不管有没有人欣赏，不管别人怎么看，它都要开花！女人当做一株百合，执着而努力地开花，即便无人看见，无人欣赏，无人喝彩。唯有耐住了人生最寂寞的时候，才能等到遍山盛放的那一天。

十多年前，刚刚从学校毕业的她步入了社会，体会到了找工作的艰辛，对于来之不易的工作她格外上心，工作也很努力。当时，她正值青春年少，却没有平常女孩那么丰富的生活，一直都穿梭在单位和家之间，日子很是枯燥。她学的专业是建筑，注定终日要与密密麻麻的图纸与工具书打交道，而且经常还要顶着烈日去建筑工地，与男同事们一起搜集第一手资料。

刚参加工作的时候，还有不少朋友拉她出去玩儿，可每一次，她都以工作忙推脱了。渐渐地，大家也发现了，她每天除了忙工作，闲暇的时候还要给自己充电。出于理解，朋友们也就不再打扰她了。多少个本该充满欢笑的夜晚，她一个人在昏黄的灯光下努力着。她比谁都清楚，在这个以男性占主导位置的行业里，如果不付出极大的努力和耐力，就很容易被淘汰。所以，那些看似平常的娱乐活动在她的生活里都被彻底取消了，休息的时间也是一缩再缩，她把节省出来的时间全都用在了工作和学习上。

淡定 | 寄语

走到生命的哪一个阶段，都该喜欢那一段时光，完成那一阶段该完成的职责，顺生而行，不沉迷过去，不狂热地期待着未来，生命这样就好。不管正经历着怎样的挣扎与挑战，或许我们都只有一个选择：虽然痛苦，却依然要快乐；并相信未来。

——白岩松

就这样，同事们看到这个全集团最努力的女孩儿很快成长起来了。她用了不到十年的时间，从最底层一路走到了集团的最高层。不久之后，她所在集团公司竞标到了一个庞大的工程，而她则担任这项工程的总工程师。同行们简直不敢相信，这项重大工程的总工竟然是一个三十出头的年轻女人。一时间，她的周围响起了一片质疑声，所有与她一同合作参与这项工程的同行，都觉得把事情交给她全权负责有点放心不下。

对此，她并没有过多地解释，只是默默地扛着压力开始了工作。大家的担心不无道理，这项庞大的工程每天都有新问题出现，让人忙得连喘息的工夫都没有。每天东奔西走，她恨不得一天能有48个小时。为了工作，天生爱美的她竟然决定在工程结束前，绝对不在工地上穿裙子，原因是穿裙子比穿裤子行走要费时间。于是，大家后来看到她常年穿着行走方便的裤子，把所有的精力投入到这项工程中。

工程的进程不断加快，出现的问题也越来越多，可周围的质疑声却没有开始时那么高了。这个连爱美天性都可以舍弃的年轻女工程师感动了同行们。没有人再去讨论她能否担得起重任，而是想尽办法与她一同去解决工程中出现的问题。随后的几年里，她与她的同事们几乎每天都盯在工地上，一刻不敢停歇。整整三年的时间，她真的没再穿过裙子，可她用时间和精力换来的，却是巨大的成功。

如今，每天都会有很多人为她和她的伙伴们建造的工程惊叹不已，她的名字叫陈蕾，那个万人瞩目的建筑杰作就是“水立方”。

多么执着、多么淡定、多么耐得住寂寞的女人啊！哪怕周围响起的是质疑声，哪怕每天孤单地在灯下默默耕耘，她都没有想过放弃，也没有一句抱怨和哀叹。那段无人喝彩的人生，犹如一条没有花香的小路，看起来不禁让人觉得有些冷清。那段让太多女人望而却步、无人陪伴的行程，她从容地走了过来。她知道，生命本就是在人生的承受和忍耐中度过的，而不是在他人的喝彩中前行。

陈蕾的经历，给天下女人上了一堂有意义的人生课：在一个人独处的时候，不要放弃修炼自己，也不要放弃努力。没有鸡鸣，黎明依然会到来；没有赞美，鲜花依旧美丽芬芳；没有喝彩，人生依然可以耀眼。只要坚守内心的信念，对美好生活充满希望与渴望，纵然漫长的跋涉途中没有花香满径，也阻挡不了你前行的脚步。

漫漫长路，有没有人喝彩真的不重要，在这个浮躁的时代，许多喝彩不过是随意的问候或是礼节性的安慰，况且谁也无法保证每段路都会有人陪伴着我们。如果能够在人前盛开再好不过，若是没有这样的机会，也不必消沉，你应该相信自己的芬芳和美丽是独特的，应该勇敢而骄傲地盛开，即便是在无人喝彩的岁月里，我们依然可以淡定地绽放自己的风采。

爱走了，只剩一个人的浮世清欢

有时候，女人会一厢情愿地去爱一个人，至死不渝、不离不弃，以为某一天会打动他的心，可随着时光的流逝，却发现那人只是梦中蝴蝶，不管多么美，也都是恍恍惚惚的遥远；有时候，女人会义无反顾地去挽留一个人，纵然爱已逝，情已冷，以为拼尽所有力气就能够再拥有，可最终才发现，爱就像手中的沙子，越是握得紧，越是流得快。

和他在一起的时候，她觉得世间最大的幸福也不过如此了。男人的一切她都了如指掌，她知道男人的衣服、裤子、鞋子在不同时期的精准尺寸，知道男人喜欢的衣服风格、颜色，知道他最爱的菜肴，知道他喜欢的烟酒牌子，知道他喜欢听的音乐……这一切，都深深印在了她的脑海里。

她从没有刻意去记这些，因为有爱，一切都是那么自然而然，仿佛不经意间就刻在心里了，根本用不着费心去记忆。可同时她也很敏感，能够感觉到男人最细微的变化。偶尔，她看到男人莫名其妙地对着手机屏幕笑，接听电话也总是躲躲闪闪，偶尔回家已是深夜，这些小小的异常让她感到一丝恐惧，仿佛在预示着爱情即将离她而去。

她是多么害怕失去他啊！为了能够留住他，她对他比从前更好，即便发现了他出轨的证据，也装作不知道。尽管如此，她等来的依旧是那句冰冷冷的——我们分开吧！

爱的时候，天涯海角她都愿意跟随他。男人带着行李离开家时，她的世界仿佛失去了颜色，她的灵魂和整个世界似乎也跟着他和他的行李一同离开了。此后的日子，她变得沉默寡言，日子也一塌糊涂，工作不顺心，生活不开心，她觉得自己无法再爱了，身边的一切都在与自己背道而行。

不是一切都与自己作对，而是手里还握着爱情那一点残留的痕迹，心里还没有真正放下。当一份爱已逝去，不必哭得梨花带雨，一次失恋，不过是红尘路上一个小小的插曲而已。爱情不是生活的全部，爱走了，生活依然可以继续。

一首名为《lydia》的歌中唱到："幸福不在远方，开一扇窗许下愿望，你会感受爱，感受恨，感受原谅，生命总不会只充满悲伤。他走了带不走你的天堂，风干后只留下彩虹泪光，他走了你可以把梦留下，总会有个地方等待爱飞翔。"

是的，他走了，爱走了，但带不走你的天堂，因为天堂在自己的手上。退一步去想，有谁真的能够陪伴我们一生，从生至死，寸步不离。生命中，总会有人到来，也会有一些人离开，很多时候我们都是独来独往的。既然爱过，就算有所收获，这也是生命的一次成长。就像林徽因说得那样："绿萝拂过衣襟，青云打湿诺言。山和水可以两两相忘，日与月可以毫无瓜葛。那时候，只一个人的浮世清欢，一个人的细水长流。"

曾经看过一则日记，那是一个女人在分手时写下的心声，字字句句中都透着一种洒脱，一种淡定，一种"自我"的幸福。

现在的我，不再等你夜归，要知道你总是找不到钥匙，强迫自己从温暖的被窝里爬出来为你开门，是一件多么不简单的事。尽管我总是很积极主动地为你开门，脸上还带着一丝微笑。我没有必要在床上胡思乱想，想你晚饭后去了哪里逍遥，把自己整得面色憔悴，最终成为一个标准的"黄脸婆"。有时怕不小心睡着了，让你在外面久等，我甚至硬是挺到半夜。

现在的我，有了更多的逛街机会，不再问你想吃什么，不用浪费难得的假日等你回家团聚。满大街的衣裙，在我眼睛里突然变得莫名其妙的可爱。只要是我喜欢的我就买，我不再听你的"建议"，我喜欢自己挑选的衣服，我喜欢自己光

淡定 | 寄语

红尘陌上，独自行走，绿萝拂过衣襟，青云打湿诺言。山和水可以两两相忘，日与月可以毫无瓜葛。那时候，只一个人的浮世清欢，一个人的细水长流。

——林徽因

彩照人的样子。

现在的我，“多语症”不治而愈了，变得安静而善解人意。我不再为你乱扔臭袜子而唠叨，不再告诉你酒后驾车的种种危险，更不会在晚饭后打电话催你早回。我已没有管理你的义务和责任。

现在的我，变得很理智、很智慧，朋友见面都说我的状态很好，这让我欣喜若狂。因为有人说女人的智慧和美丽总是并存的。我现在可以大大方方和任何人说话，因为你没有权利责备我又说错话了，害你没面子。

现在的我，不会再说你新欢的种种不是，因为我相信，现在的我比她漂亮，比她年轻，比她有魅力。过去和你在一起的时候，我真的很讨厌“黄脸婆”这份工作，综合要求实在太高，既然我业务水平不高，那不如炒自己“鱿鱼”！

现在的我，想对你说一声谢谢，谢谢你的离开，让我开始了更精彩的生活！

对于已经无法修补，或是不复存在的爱情，淡定的女人不会过多留恋，她们会从两个人的回忆中慢慢走出来，找到重新面对生活、期待幸福、寻找幸福的机会。

或许，过去的一景一物，往往都会勾起许多伤心的往事，但过去了就过去了，何必让自己始终活在阴影里呢！你不妨销毁他留下的烙印，删除他的QQ号、手机号以及所有跟他有关的东西。暂时的悲伤和难过可以理解，但是不要把大好的时光全都用在伤春悲秋哀悼过去的恋情上，要一个人静下心来理智地对待这件事，认真反思。如果自己有错，那么改变自己，提醒自己以后不要再犯同样的错误。

爱情路上，不是每段感情的结束都是一场悲剧，有时它也是另一种美丽的开始。至少，在一个人的日子里，你有机会重新认识自我，重新审视自己的价值，并且再次塑造自我，就像凤凰涅槃那般，在浴火中获得重生。

耐住寂寞的女人，总能笑到最后

印度诗人泰戈尔曾说：“只有经历地狱般的磨炼，才能练出创造天堂的力量；只有流过血的手指，才能弹出世间的绝唱。”

中美洲河流的湿地里，生长着一种奇特的植物，名叫香菇草。说它奇特，倒不是因为外形，而是习性。人们发现，河边的其他草都喜欢抢占土地最肥沃、阳光最好的地方，而香菇草总是在一些养料非常稀少的乱石之下的泥土里生长，所以它长得又矮又小。然而每年汛期的时候，迅速上涨的河水会把湿地里许多草类冲走，可香菇草却安然无恙。

人们恍悟，原来，香菇草主动放弃养料与阳光最充足的地方，是为了把根系埋在很难被冲走的乱石之下。在乱石下扎稳了根，又有石头的保护，香菇草自然可以安然度过汛期。

放弃了看似舒适的生存环境，独自深埋在寂寞的泥土之下，却赢得了继续生存的机会。可见，寂寞是一种磨炼，耐得住寂寞是追求，是毅力，也是一种人生境界。

活在世上，注定要面对许多难以抗拒的诱惑，周围也会有许多所谓的“热闹”，就像众多的河边草集中在一起，热闹地寻找最有营养的土地那般。一个女人，若能在漫长的人生旅途中耐得住寂寞，不为周围的环境动摇，确实不易，但也正因为有了孤独的磨炼，历经风雨的洗礼，才能够看见彩虹。不信你看，沙粒被蚌壳包围，历经黑暗与孤独，任由黏液的浸泡消融，而后才成了一颗绽放光芒的珍珠；还有金刚石，总是在经历百般打磨雕琢之后，才成为一颗璀璨的钻石。

幸福的路程总是很遥远，成功来得总是很慢。不够淡定的女人，注定与幸福无缘；耐不住寂寞的女人，总会在哗众取宠中迷失自我。唯有不被俗念所动，不为名利所惑，不被荆棘所绊，在寂寞中默默忍耐，默默等待，才可以守得云开见月明。

郭晶晶，一个耐得住寂寞、在寂寞中充实自我的女人。

从5岁开始，郭晶晶就与跳水结缘。12岁那年，她进了国家队。当时，伏明霞是女子跳水的一座高峰，这座高峰郭晶晶用了7年的时间才跨越。事实上，真正“打败”伏明霞的是时间，但这个艰难的过程，却是郭晶晶一生之中最重要的沉淀，尽管这期间伴随着太多的伤痛。

淡定 | 寄语

一个女人，最重要还是活得好。只要活得好，从前所有的委屈，所有的伤害，所受过的白眼，一切恩情爱恨，后来的一天，都付笑谈中。曾经的伤痛、曾经掉过的眼泪，不过是生命中无可避免的历练。

——张小娴

1996年亚特兰大奥运会上，郭晶晶第一次登上了奥运的舞台，那一年她15岁。在此之前的奥运选拔赛上，其实她战胜过伏明霞，可一个初出茅庐的小姑娘和久经赛场的前辈同场竞技，结果在没有比赛之前就已经注定了。那次比赛上，郭晶晶紧张得连转体动作都没能完成，最终伏明霞夺冠，郭晶晶得了第五名。那时，她觉得自己那么轻飘、渺小。

多年之后，再回忆起亚特兰大奥运会，郭晶晶说当初的记忆已经模糊了，只觉得能够参加奥运会就已经很开心了。但是，对于郭晶晶而言，这一次的经历不是失败，而是重要的磨炼。此后，伏明霞退役了，郭晶晶凭着艰苦的训练，一点一点地成长为国家跳水队新“一姐”，先后获得了世锦赛和世界杯冠军，唯独没有奥运会的金牌。

郭晶晶的跳水生涯中坎坷颇多。曾有两次她摔断了腿，脚踝也受到伤病的困扰，可她一路都坚持了下来。对她而言，这些挫败，与2000年悉尼奥运会的那一次挫败相比，真是不算什么。回忆起那段经历，她说：“失败的滋味很苦，可那是生动的一课，之后我更加努力。现在看来，悉尼奥运会是促成我上一个台阶的关键。”

在悉尼奥运会之后的四年里，郭晶晶包揽了国内外各种赛事的冠军。终于，在2004年雅典奥运会上，她实现了自己的奥运冠军梦。

每个女人心里都知道，成功之路不好走，有诸多的坎坷、无奈、孤独、寂寞……有时候苦苦追求，却看不到成功的希望。此时，就是一段最寂寞、最难耐的日子。有人因为害怕，选择了退缩；有人选择了耐住寂寞，充实、完善自己，郭晶晶无疑是后者。

生命的历练，不是舞台上的演出，而是要进入角色，并承受生活中的不幸，历经浮沉。追逐成功的路上，守住一份寂寞很可贵，但寂寞不是消极地等待，而是像昙花一样不懈地积蓄养分；沉潜不是贪图安逸，而是像蝉一样默默地磨砺自强。尽管储蓄力量的过程充满了寂寞与痛苦，但却可以让养分变得充足，力量变得强大，结果变得精彩。

淡定下来，做一个耐得住寂寞、经得住磨炼的女人吧！谁能够耐住寂寞，谁就能笑到最后。

用一颗淡定的心过滤孤独

世人都有寂寞的时候。独自一人坐在清冷的窗前，好似荒漠里离群的迷途羔羊，无所依傍。这种难以言表的滋味在生活中偷袭过太多女人的心。烦恼是孤独的序幕，寂寞将孤独延伸，空白则是孤独的高潮，有的女人会成为孤独的奴隶，有的女人却用孤独成就精彩的人生。

曾经读过一则与孤独有关的寓言故事：

一只身材短小的蚂蚁，每天清晨都会从洞穴中爬出来，开始一天的劳作。在动物世界里，蚂蚁的勤奋是出了名的，可对于广阔的大地而言，它们的活动范围不过是狭窄的一隅。

有一天，蚂蚁和蜈蚣相遇了。蜈蚣看到忙碌的蚂蚁，摇摇头说："你为什么总是不知疲倦地赶路，闲下来跟朋友一起玩不好吗？"蚂蚁说："我要四处觅食，我已经走过了大大小小很多条路，因此我的脚步变得很轻快，现在行走都已经成了我的习惯。"

蜈蚣问："你每天面对的只有自己，难道你不觉得孤独吗？"

蚂蚁说："我一边走，一边欣赏沿途的风景，不觉得孤独。我的视野是丰富的，我的心也很快乐。"

蜈蚣听了蚂蚁的话，若有所思，因为刚刚它才被朋友们抛弃，正不知道何去何从。蚂蚁轻松地绕开了蜈蚣，又开始孤独地享受自己充实的生活了。

淡定的女人，就如故事中的那只蚂蚁，不畏惧孤独和寂寞，因为她知道自己要什么，要做什么，从不慌张和忙乱，更不会因为没有他人的陪伴而不知所措。在充实的生活中，孤独对她们而言不是一种可怕的境遇，而是一首小诗，她们品味孤独，就像是领略诗中的一种惆怅、飘然的意境，心中是满满的享受。

孤独让人远离了喧闹与尘嚣，不为流言蜚语所羁绊，不为权利富贵而踟蹰，精神上无拘无束，自由自在，犹如白云行空，灵魂也可以在自我营造的天地里净化升华。女人虽然没有创造出轰轰烈烈的宏伟大业，可若能够学会孤独，耐住孤独，品味孤独也是一种福气。得闲时对着窗前的明月，沏上一杯清香的茶，手捧一本好书，任思绪神游；或是独自一个人漫步在山水林间，让心灵与自然亲密接触，静静地体味着安逸、悠闲、宁静与轻松的时光，享受着不浮躁、不媚俗的安宁生活，岂不是很惬意？孤独的人生也可以是绚丽多彩的，关键在于你如何去驾驭它。

她是一个漂亮的、潇洒的女人，崇尚自由，独自来到了一个遥远而陌生的城市。黄昏时分，她走在下班回家的路上，一步一步慢悠悠地走着，她不愿意坐着公交车回到那个狭窄而空落的“家”，就这样悠闲地散步，感觉是最好的。她可以感受到微风轻轻地抚摸着脸庞，耳边还可以听到与家乡一样的鸟儿的鸣叫。看着西边那又大又圆、红彤彤的落日，她突然想到了一句诗：“大漠孤烟直，长河落日圆。”她看看落日，又看看路旁盛开的鲜花，仿佛自己成了一个云游客，整个城市的尘嚣与忙乱都与自己无关。

在别人眼里，她是个孤独的女人，没有自己的朋友，也很少参加聚会。可在她心里，并不这样觉得。空闲的日子里，她宁愿一个人在房间里放着喜欢的音乐，看一场喜欢的电影，偶尔写一两段文字，记录生活的点点滴滴和心情的起伏。对于生活，她一直很从容，不会为日常琐事烦恼，也不会为生活的压力感到焦躁不安。她静静地品味着生活的乐趣，欣赏着身边的美丽，别人惧怕的孤独，却是她难得的享受。

淡定 | 寄语

怀有秘密爱情的女子，软如一朵悄然结子的莲花，含蓄而淡定，即使秋深，即使霜降，依然清芬暗萦，幽兰自若，她往往是孤独的——孤独但不寂寞。

——钱海燕

有的女人把孤独视为洪水猛兽，有的女人却可以淡定地过滤孤独，安静地享受一个人的时光。在她们心中，孤独就是玉笛中吹奏出的悠扬曲子，在空气中弥漫，让自己沉醉其中。她们不拒绝热闹的人群，却也可以与孤独为伴。

记得曾有人说，孤独像一杯苦咖啡，苦涩的味道让人难以忍受，而有的女人品味了生活的苦，她们偏偏最爱咖啡的苦涩味。淡定的女人就属于这种类型的女人。她们经历过生活的各种波折，有过刻骨铭心的情感历程，所以她们喜欢咖啡的苦涩，因为苦涩过后就是令人回味无穷的醇香。如果说孤独是心的空白，那么淡定的女人，则会用自己的喜好去填补这一片空白。

孤独的女人，不一定都是孤芳自赏的女人。她们淡看花开花落，慢看云卷云舒，眼神中有的是坚定，有的是温情。在她们的生活中，孤独不过是一种装饰，她们用一颗淡定的心和从容的姿态过滤孤独，享受耐人寻味的孤独，悠然自处。

生命的舞台没有永远的搭档

曾经听过一位朋友讲述她的亲身经历，感触颇深。

我22岁开始工作，到现在已经10年了。说出来你可能不信，我每个月的工资不少，可现在的银行卡里就只有几千块的存款，而且，现在还是十年来最好的状况。两年以前，我还是个卡奴，要不是理财专家提醒我，我还不知道信用卡的循环利息那么高！后来，我把积欠下来的债还完了，觉得轻松了许多。我不再买名牌，可是每个月的工资还是'白领'。说起为什么要存钱，其实是因为我心里有个梦想。我想实现出国游学的人生计划，这是我毕生最大的心愿。

后来，我仔细检视了自己的消费品项。大钱是不花了，但是口袋里像有个漏洞一样，把钱都丢掉了。逛街，几十块钱的小饰品，一个月要买几次，累积起来数目也不小。每天喝一杯星巴克咖啡，一个月加起来也是不少的钱。而最离谱的是电话费账单。自己本是做人力资源的，不需要靠手机拉业务，可是每月的电话费都上千元。

我自己突然明白了，我害怕寂寞。就算坐十几分钟的公交车，我都会不自觉地给朋友打电话聊一会儿。不然，我会觉得很孤单。平日里，做什么事都害怕寂寞，都要找个人陪，什么观念都要有人认同。阻碍我梦想的不是金钱，而是我内心对寂寞的恐惧。就算真的有钱实现自己出国游学的梦想，但是生活在举目无亲的异乡，开始一个人独立生活，这不也需要一颗耐得住寂寞的心吗？

听过她的故事和感受，不禁感慨：如果想要追求梦想，就不能害怕孤独。没有人能够与我们相依一辈子，追求梦想的旅途更是如此，这就是人们常常感叹的"自古英雄多寂寞"。通往梦想的路上，许多人只能陪伴我们走一程，因为每个人都是独立的个体，有独立的思想，追求的目标也不一样，总会有分道扬镳的那一天。在梦想之花绽放之前，必须默默耕耘，承受着一个人的孤独、寂寞和冷清，就算是成名之后，依然要面对“高处不胜寒”的境遇。如此可见，追求梦想的路上只有一个人孤独地走下去。

淡定 | 寄语

人可以在社会中学习，然而，灵感却只有在孤独的时候，才会涌现出来。

——歌德

雨晴是一位年轻的女艺术家，不到30岁。曾经有人问她是如何成功的，她只说了简简单单的四个字：享受孤独。听后，所有人都感到惊讶。

看到大家的反应，雨晴平静地说：“我16岁时遭遇了一场车祸，父母不幸遇难，我也落下了终身的残疾。对于一个女孩来说，16岁到25岁，本该尽情地享受青春的活力，友情的快乐，家庭的温暖，爱情的甜蜜，可我却是一个人孤单地在轮椅上度过的。九年的时间，太漫长了！我不知道哭过多少次，抱怨过多少次，为什么要让我承受这一切？我习惯把自己封闭起来，不与外界接触，感受到的只有孤独。”

说到这里，雨晴平静了一下情绪，而后缓慢地说道：“可是，这份孤独也给了我人生最重要的财富。孤独教会我如何自己平复心情，如何冷静思考。在思考中我明白了很多道理，我重新看待了我的人生，我明白了只要活着就是一种幸福，我懂得了珍惜，懂得了知足。这大概就是所谓的‘知止而后能定，定而后能静，静而后能安，安而后能虑，虑而后能得’吧！孤独，给了我静心思考的机会，让我明白了这些道理，在我明白了这些道理以后，我所得到的就是快乐……”

许多女人之所以会害怕孤独，是因为孤独在她们的眼中，等于人生的“失败”——没有朋友，没有人关心。然而，当我们翻看那些名人的成功史，就能发现孤独其实是梦想的催化剂。多少实现了梦想的成功女人曾在孤独的时候遐想未来时光，不断地追求，勤奋地工作，充实地生活，完善生命的不足。那种美好的心境，不是财富、热闹的PARTY能带来的。就像日本作家川端康成说的那样：

“我独自一个人时，我是快乐的。因为我可以孤独着；与人相处时，我发现我是孤独的，只因为我已经变得很快乐！”

初出茅庐的时候，她不过是一家小文化公司的实习文案，月工资才1500元。可是，三年后的她，仅工资就已经达到了6000元，也一跃成为一家知名广告公司的策划总监，并开始出版自己的长篇小说。她能够有今天，仰仗的是自己那份淡定的心境，忍受了常人不能忍受的寂寞。

工作的三年里，她除了绞尽脑汁、挖空心思撰写好每个策划方案之外，还不断地阅读营销、广告与策划方面的书，努力拓宽自己的眼界，并学习一些成功学的课程，向一些已经成名的前辈和师长学习，仔细研究他们的每一个成功案例，不断寻找自己的差距，并努力挖掘自己的长处。

工作之余，她把时间用在自己喜爱的写作中。每当夜深人静的时候，她蜷缩在自己的蜗居中，放一点轻音乐，任思绪天马行空，而后轻轻敲打着键盘，行云流水般地写着文章。这个孤独的时刻，是她觉得最自由、最幸福的时刻，平时所有的委屈、所有的艰辛、所有的忧伤、所有的喧嚣都变得那样微不足道。

黎巴嫩诗人纪伯伦曾说过：“孤独，是忧愁的伴侣，也是精神活动的密友。”孤独既可以让女人变得脆弱，也可以让女人变得坚强。经历了孤独与寂寞，你才可以丰富你的阅历，锻炼你的意志，如此孤独也就有了全新的概念。所以，当你在追求梦想的路上感到孤独时，不要害怕，那是你在勇敢地面对生活，面对现实。耐住孤独，就是又向梦想迈进了一步。

第6章 美丽的人生不失控

——从容地生活，优雅地老去

生活中没有几个女人
能够一直拥有闭月羞花的美貌，
即便是拥有了，
也抵挡不住岁月的无情侵蚀。
女人要努力让自己活得从容一点，
微微一笑，
就让所有华丽的颜色失去了光泽，
岁月带不走她们的美，
幸福更喜欢光顾她们那优雅不失控的人生。

不是幸福太少，是你不懂从容生活

年轻时候的她，纯粹中透着一股子清新劲儿，就像一株百合。后来，漂亮的她嫁人了，辞掉了高薪的工作，全心全意地做起了全职太太，经营着自己的小家。渐渐的，家庭的琐碎磨去了她年轻的心，岁月也在她的脸上留下了痕迹，原本纤细的玉手也变得粗糙了。渐渐的，她似乎对金钱也开始有了前所未有的关注，那个曾经简单清纯、淡然宁静的女子，不知不觉间成了一个庸俗而刻薄的女人。

往日的光彩，从容淡雅的书卷气都成为了过去。日复一日的平淡生活，让她的脾气变得很坏，不断地和丈夫争吵。直到有一天，丈夫走了，什么也没有留下。她哑然，这个自己为他耗费了大好青春和时光的男人，怎么说走就走，难道他就这么厌恶自己，不愿意和自己说话，连争吵都省了？

几天以后，她在邮箱里看到丈夫给自己的一封信，看不到说话的表情，可字里行间透出的却是一种痛心。他说："当初，我爱你的时候，你是那么从容美好，活得那样不俗。现在的你，让我觉得很陌生，你已经完全没有了当初的样子。钱很重要，可它不是我们的全部，也不是生活的全部。"

捂着自己暗淡无光的脸，她哭了。

每每看到这样的故事，都不禁为那些女子感到惋惜，非要经历了起起落落才知道亲情的疏离是最切肤的伤痛。上帝让我们来到这个世界上，不是为了钱，不是为了生活而生活，而是让我们来从容地享受这个美丽的人间。可又有多少女人，为了金钱与至亲至爱的人相争相斗；为了荣誉与朋友钩心斗角、反目成仇；为了名利与同事之间尔虞我诈、诽谤诬陷……这一切让她们觉得累，觉得不幸福，觉得生活就像一块大石头，压在心上，喘不过气。

幸福没那么难，也没那么昂贵。总抱怨幸福太少的女人，其实是不懂得从容生活。幸福的成本很低，幸福体验可以多姿多彩，幸福可以无处不在，但少了一颗从容对待生活的心，再多的幸福摆在眼前也看不到。

淡定 | 寄语

已去之事不可留，已逝之情不可恋，能留能恋，就没有今天。

——亦舒

究竟，什么才是从容？我们不妨在下面的禅味故事中领悟它的真谛。

有位出家人在山上迷路了，幸好遇到了大梅法常禅师。出家人很惊讶，如此偏远的山区竟然真有隐居的和尚，他好奇地问道："师傅在此多少时日？"

大梅法常禅师说道："只见四周青山青了又黄。"

出家人又问："那么，下山的路该怎么走呢？"

禅师说："随着流水去。"

出家人下山后，把遇到大梅法常禅师的事告诉了盐官国师。盐官国师听罢，便让出家人再次上山去宴请大梅法常禅师。谁料，禅师听后笑了笑，作了一首诗便回居处了——"一池荷叶衣无数，数树松花食有余；刚被世人知住处，又移茅舍入深居。"

大梅法常禅师的意思大致是说：一池塘的荷叶足以够我做衣服穿了，山上的松花足以够我吃饭了，住处被世人知道后来访的民众太多，干扰了修道生活，只好再把房子往深山里移了。

从容，就像大梅法常禅师那般，可以自修也可以度众，可以活在热闹的道场里，也可以居住在偏僻的深山。不为已有的虚名而累，不为即将到手的名利所动，无论世间如何变化，都可以淡定自若。这是一种大自由，一种来自心境的豁达与品质的笃定。

佛家有云：天地混沌，得失之间，原本无道。女人，又何必为生活中的金钱名利、一失一得而耿耿于怀，寝食难安呢？那些不过是身外之物罢了。

一个青年想建一堵围墙，因为占地大小的问题和邻居起了纠纷。青年心里很窝火，便修书给在京城做大官的兄长，希望可以通过兄长的势力，让邻居把土地让一些出来。不料，为官的兄长就回了几句话："万里修书只为墙，让他三尺又何妨？长城万里今犹在，不见当年秦始皇。"

他告诫兄弟：万里之外写一封信就是为了一道围墙的事，做人何必这么计较呢？世间多么广阔，你让人一点儿，又能怎样？你看看万里长城如今依旧在，可是当年叱咤一世的秦始皇到哪里去了呢？还不是灰飞烟灭了？

活得从容一点，简单一点，大气一点，如此，便能体味到满足感、幸福感，并让心灵盈满喜悦。世上有很多东西根本不值得去在意，拥有物质的多少、外表形象的好坏也不是那么重要，用太多的精力和心思去换取金钱名利，自然享受不到生活的轻松。

还记得罗丹说的那句话吗？生活不是缺少美，而是缺少发现美的眼睛。倘若太阳只会出现一次，那么每个人都会珍惜观望它的机会，绝对不愿错过。可就因为太阳每天都会升起，我们就忘了抬头去关注它，忘了享受那可贵而温暖的阳光。

女人应该心存美好。对待心仪的知己、身边的亲人，多一分关爱，少一分贪婪，多一点付出，少一点责备。善于发现美，善于发现快乐，用一颗安静的心、一份从容和淡定，品味生活的幸福。幸福不在于外物，而在于内心，懂得沉淀生活的女人，才能够收获长久的幸福。

像玫瑰一样，从含苞到凋谢从不慌张

外国有句谚语："停下来，闻一闻玫瑰。从含苞到绽放然后凋谢，玫瑰从不慌张。"

玫瑰，从含苞待放到凋零枯萎，安静从容、不慌张，这是一种淡定的姿态，女人在生活中也当如此。人生路上，难免起起伏伏，无论遇到任何事，都该用一颗平常心去看待，从从容容，不慌不乱。

曾经有人用"歌遏行云"来形容她的歌声，用"德艺双馨"来评价她的人生，而她自己对人生的概括是"平常心是道"。她崇尚简单的生活，她总说："人不该把自己当成什么，才是什么；要把自己当成什么了，就不是什么了。"

在观众眼里，她是一个造诣很高的艺术家。在丈夫眼里，她是一个普通的妻子，最拿手的菜是牛尾萝卜汤和包饺子。在儿子眼里，她是一个慈爱的母亲，三八妇女节收到儿子的祝福短信，她高兴得不得了。平常，她喜欢看看书，和朋友聊聊天，偶尔也会出游，尽享大自然的美好。

她尽心竭力地扮演着每一个人生角色，艺术家、妻子、母亲、朋友，不管别人把自己抬得多么高，她始终都保持着一颗平常心。如今，不少女性到了中年就很容易被企业挡在门外，有人问她如何看待这个问题？她说，其实中年女人更成熟，做事情更容易成功，关键是自己不能失去信心。生活上遇到挫折了，以平常心对待，不看轻自己，从容淡定是最重要的。

这个女人的名字，你一定也听过，她叫关牧村。

淡定地对待殊荣与赞誉，不因自我的成就而颐指气使，认真扮演生活中的每个角色，面对人生的"难题"也可以从容自信地笑对……这一切，让我们不禁感叹：多么淡定的女人，多么从容的姿态。

的确，拥有一份平常心的女人，在生活中往往会显得更有修养。她对周围所发生的事情有着一种处变不惊的态度，不用刻意而为之，因为这种态度对她来说是一种“常态”，一种习惯。但是在达到这种境界之前，心灵往往有过极为坎坷的历程，经历了痛苦与挫折，而后把世事看得通透，不再为世俗所烦扰，而是气定神闲、恬淡洒脱。少了这一份平常心，遇到问题的时候往往就会变得急躁，在冲动之下做出极有可能让自己后悔的事。

语嫣是某报社的编辑，平时很少与人发生争执，可是那天，她却向别人发火了。其实，事情很简单，对方提供的资料没能达到她的要求，眼看已经快到截稿的日期，她和对方在电话里越说越着急，最后竟然冲着对方大声嚷嚷起来，两人在电话里展开了一场唇枪舌战。最后，对方说了一句：“你的态度真让我失望，我原本还以为你是一个挺优雅的女人。”说罢，便挂断了电话。

听到电话里传来“嘟嘟嘟”的声音，还有对方刚刚的那一通评价，语嫣心里像是塞了一团棉花。这一次的冲突让她觉得心里很难受，一连几天都没法集中精力做事。最后，那一部稿子也没能顺利完成。

工作中需要沟通、磨合的事情太多，语嫣遇到的问题也是常事，若当时用平常心对待，换一种说话方式，和对方恳切地谈谈，有什么问题友善地提出来，也就不会有后来的种种不快了。急躁对事情没有任何好处，反倒给人一个缺乏修养的坏印象，还影响了自己工作的心情，真是得不偿失。

如何才能做到保持一颗平常心呢？黄龙慧开禅师有一首著名的偈颂：“春有百花秋有月，夏有凉风冬有雪。若无闲事挂心头，便是人间好时节。”拥有平常心的女人，应安于自己的选择，不去觊觎别人的成就，不去想那些遥不可及的事，珍惜自己的所有；不刻意追求完美，平

淡定｜寄语

人之所以痛苦，在于追求错误的东西。如果你不给自己烦恼，别人也永远不可能给你烦恼。因为你自己的内心，你放不下。好好的管教你自己，不要管别人。

——路遥

心静气做好自己的事情，不能万事顺心，但求万事尽心；改变不了环境就改变自己，改变不了事实就改变心态；不能够控制别人，就把握好自己。这样做女人，最优雅，最从容。

当周围的姐妹们都在抱怨孩子学习不好，老公赚钱少，自己身材走样、工作压力大的时候，游乐儿却安然自得地享受着幸福的日子。她的孩子也淘气，老公人到中年也没有混个一官半职，每天也是朝九晚五地上着班，可她并不在意。每天早起去晨练，看着东方的日出，吹着凉爽的晨风，她都觉得很快乐；老公对自己很好，孩子淘气却也很可爱，房子不大，可布置得很温馨，一家人健康平安，还奢求什么呢？

朋友曾问过她："你每天乐呵呵的，是不是什么事你都不往心里去啊？"游乐儿笑着说："为什么不高兴地活啊？开心不开心都是一天！只要保持一颗平常心，生活中的一切事就都能看开了。"

人生并不是一场苦涩的旅途，凡事应该看开一些，往好处想，抹去那些不必要的哀怨，不为名利所累，不以物喜，不以己悲，心平气和地走好人生的每一段路。

说到底，平常心不过是"无为、无争、不贪、知足"观念的汇合。为善不执是平常心；老死不惧是平常心；吃亏不计是平常心；逆境不烦是平常心。不管什么样的平常心，都是一种生活的馈赠，拥有了，生活就会平静。

幸福的女人都有两颗心

宋人彭乘在《墨客挥犀》中记载过一个故事：

北宋时期，有一个叫韩琦的人，曾经做过宰相，后被封为魏国公，与范仲淹齐名。

在知北都任上时，有人献给他一只玉盏，此物从古墓中得来，通体内外毫无瑕疵，可谓是价值连城的珍宝。韩琦得到这件古物，自然爱不释手。为了与人分享这份快乐，他特意设了酒宴，准备以此玉盏向宾客们敬酒。设宴那天，大厅里专门摆了一个桌子安放玉盏，就在韩琦准备用它向客人们敬酒时，一个侍从却不小心碰倒了桌子，珍宝被摔得粉碎。在场的所有宾客都愣住了，那个碰倒桌子的侍从更是吓坏了，急忙跪地请罪，浑身发抖。

就在众人都大惊失色的时候，韩琦却淡定自如，他非但没有发怒，反倒笑着说："每件东西都有它破碎的时候。"看看地上跪着的那位侍从，他又说："你是失误弄碎的，又不是故意为之，何罪之有啊？"

用以分享与炫示的宝物刹那间被毁，韩琦却能够神色自若，宽恕了失手之人。这种非同寻常的宽怀雅量，的确令人钦佩。难怪纪伯伦会说："一个伟大的人都有两颗心，一颗心流血，一颗心宽容。"

其实，一个幸福的女人也该有两颗心，一颗心淡定，一颗心宽容。倘若为了小事斤斤计较，甚至挟私报复不择手段，到头来可能会失去更多。正所谓："水至清则无鱼，人至察则无徒。"太较真了，就会什么都看不惯，什么人都容不下。人非圣贤孰能无过？很多时候，对于别人的过失，必要的指责无可厚非，但若对此深究、懊恼、愤怒，就大可不必了，因为错已铸成，再说什么都已没有意义，倒不如以宽容的心去面对，彰显自己的宽容大度。

她在市场里卖水果，因为生意好而遭到其他摊贩的妒忌，大家经常有意无意地把垃圾扫到她的店门口。每每这时，她总是宽厚地笑笑，不问是谁做的，也不抱怨，只是默默地把垃圾清扫干净。旁边买菜的大姐看不过去了，忍不住说道："别人把垃圾扫到你的门口了，你怎么都不生气啊？"

淡定寄语

不会宽容别人的人，是不配受别人的宽容的，但谁能说自己不需要别人的宽容呢?

——屠格涅夫

她半开玩笑地说："我们老家过年的时候，都会把垃圾往家里扫，垃圾越多就代表会赚更多的钱。现在，他们都有人送钱到我门口了，我怎么舍得拒绝呢？你看，我的生意是不是越来越好了？"

自此以后，再没有人往她的门口倒垃圾了。

多么从容淡定的女人，宽容着别人的嫉妒，宽容着别人有意无意为自己制造的麻烦。这不是软弱，而是宽容。她明白唯有把心放宽，人生的道路才会更宽。

南京多宝寺内弥勒佛旁有一副对联，上面写着："大肚能容，容天容地，与己何所不容；开口便笑，笑古笑今，凡事付之一笑。"女人如果能够学会把心放宽，那么她眼里看到的世界也是敞亮的，纵然有伤心落寞，也会如浮云般很快散去，不会在心上留太久。

有时，宽容别人，成全的也是我们自己。就像哲学家斯宾诺莎说得那样："心不是靠武力征服，而是靠爱和宽容大度征服。"把别人的错误时刻挂在心上，久久不能释放愤怒与仇恨，只能反复给自己造成伤害；主动选择宽容，原谅别人的同时，也解脱了自己。

美国著名的建筑大王凯迪和飞机大王克拉奇都是跻身于上流社会的名人。二人的关系很好，凯迪有一个女儿，而克拉奇有一个儿子，为了让关系延续下去，他们撮合子女成婚。但是两个年轻人的感情并不好，经常吵架。

接着，令人震惊的事发生了：结婚没有多久，凯迪的女儿不幸惨遭杀害，而警方搜集来的证据都指向克拉奇的儿子。尽管克拉奇的儿子拒不承认自己的罪行，但法院还是判决其一级谋杀罪名成立，判其终身监禁。

克拉奇为了让凯迪去法院为自己的儿子说情，不让儿子老死在狱中，同时也为了弥补自己对凯迪的愧疚，就千方百计地补偿凯迪一家。但是凯迪一看到克拉奇心就疼痛难忍，犹如一把钢刀插进心窝，整天埋怨自己看错了人，害了女儿，而克拉奇的全家更是生活在自责中。

就这样，由于双方不能达成和解，仇恨无情地折磨他们，让他们的内心得不到片刻的平静。一年一年过去了，两家人从来没有真正笑过，没有觉得幸福过，在他们头顶上空总是笼罩着仇恨的阴霾。

20年之后，事情终于真相大白，凯迪女儿的死和克拉奇的儿子无关。这件事在美国激起了轩然大波，面对记者的采访，凯迪和克拉奇不约而同地说了同样的话："这20多年来，我们所受的折磨是永远支付不起的。"

沧海桑田，悠悠岁月，仇恨让两个本来很要好的朋友成为敌人，并且互相折磨了20多年。仇恨夺走了他们太多的快乐，让他们在痛苦的深渊中苦苦煎熬。

宽容别人对自己无意的伤害，是一种气度；宽容别人曾经的过失，是给对方改过自新的最大鼓励；宽容别人对自己的敌视和仇视，是人格至高的表现。学会宽容，懂得宽容，是一个女人心智成熟的标志，它可以让你保持恬淡与安宁，也可以让你变得豁达大度。多一份宽容，生命也就多了一份释然，多了一份温暖和爱。

笑着释怀，世界依然美好

每个女人走过一段颠簸的人生之路，回望身后的风景都会有别样的感慨。可生活就是如此，你永远不知道会遇到什么人，会发生什么事，永远也不知道谁会离开。当往事随风飘散时，无论对与错，能够做的只有忘记过去，收拾好心情继续前行。人生最痛苦的事，莫过于带着心灵的包袱生活。

一次酒会上，她认识了一个聊得很投机的男人。那天晚上，他们都喝醉了酒，因为一时冲动没有把握好自己，有了一夜情。之后，他们有过几次联系，但没有见面。再后来，那男人便消失在人海中了。一直以来，洁身自好的她从未在感情上玩过火，她痛恨自己的意志不坚定，痛恨那个回忆起来都觉得难堪的“耻辱之夜”。她自责，懊悔，对自己的失贞念念不忘。这件事，让她后来的婚姻旅途十分不幸。她不能原谅自己，不能释怀那次错误，更不能接受别人。到了40岁的时候，她依然是孤零零的一个人。

人生一世，花开一季，谁都想让此生了无遗憾，谁都想自己所做的每一件事都正确，可这不过是一厢情愿的幻想，人不可能不做错事，也不可能不走弯路。过去的事已过去，过去的无法挽回。悔恨之于人，唯一的用处只有折磨自己。任何内疚、自责的行为，都不能改变既成的事实。

泰戈尔说：“如果你为错过太阳而哭泣，你也将错过繁星。”人生的许多烦恼都是自己给自己设定的，都是在自己难为自己。如果总拿过去的伤痛来折磨自己，只会让心灵不堪重负，给未来留下阴影。原谅生活是为了更好地生活，过去的错误只当是成长与成熟的代价。

一位86岁高龄的老太太生活得非常幸福，她不仅身体硬硬朗朗，心情舒舒畅畅，还有一大群好朋友，周围的人都喜欢和她在一起，这引起了某电视台一位记者的注意，并决定采访一下这位老太太。

“你为什么这么幸福，有这么多朋友呢？”记者问。

老太太呵呵一笑，回答道：“其实拥有一个幸福的人生和良好的人际关系很简单，第一，不要拿自己的错误惩罚自己；第二，不要拿自己的错误惩罚别人，第三，不要拿别人的错误惩罚自己。”

接着，老太太又补充道：“做到这三条，你的人生就不会太累，你的朋友也不会离你而去。”她边说边晃着三根手指，脸上洋溢着返老还童的天真和曾经沧海的从容。一下子，记者也觉得自己喜欢上了这位老太太。

人的一生像是一次漫长的旅行，不停地行走，沿途要经历各种各样的坎坷，看到各种各样的风景，历经许许多多的痛苦和磨难，如果将这所有的过去都牢记在心上，就无疑会给自己增加各种沉重的负担。这样你的经历越多，心灵的压力就会越大，还不如一边走，一边释怀，永远保持轻装上阵。过去的已经过去了，时光不可能倒流，除了从一些事件中吸取经验与教训外，大可不必对其耿耿于怀。

一姗在艺术学院做舞蹈老师，丈夫有一家规模不小的公司，他们曾经有一个幸福的家，还有一个可爱的女儿，然而这一切，却在一姗35岁那年彻底改变了。

由于朋友的出卖，丈夫的公司一夜之间破产了，家里的房子、车子和存款全部被拿去抵债了，即便如此，还是欠下了大笔的债务。一姗的丈夫接受不了突如其来的打击，终日用酒精麻痹自己，他变得颓废、消沉，当年那副意气风发的样子，早已不见了踪影。而且，他的脾气变得很暴躁，总是借着酒劲对一姗和女儿大吵大嚷。

无奈之下，一姗带着女儿离开了。

淡定 | 寄语

由爱而恨，抑或由恨而爱，过程都是凄苦的。生命之途已多坎坷，每日每时都要汗流浃背，披荆斩棘，还要翻起不断弥补不了的情缘，去增加心灵的痛楚，减弱求生拼搏的精神，又是为什么？

——梁凤仪

为了维持生计，她找了不少兼职，平日里除了在学校上课，还要照顾女儿。起初，她也不太适应这样的生活，毕竟过去的她是个安逸的“阔太太”，做舞蹈老师完全是自己的兴趣。如今，时过境迁，她还是接受了现实，咬着牙坚持了下来，每次看到女儿，她都觉得挺知足。

三年后的一天，她偶遇丈夫的一个朋友，了解到丈夫的现状——他因为过度饮酒，现在身体很不好，生活上也没人照顾。那天晚上，一姗失眠了，她心里反复问自己：“要不要回到他身边？”经过几天的思考，她决定去找丈夫。

看到一姗的这个决定，身边的人都觉得她疯了，简直是给自己“找麻烦”。一姗却说：“我们毕竟是夫妻，过去他再不对，我也不想计较了。”一姗耐心地照顾着丈夫，不谈过去，不谈苦与累。丈夫很后悔，很内疚，反倒是一姗劝慰他说：“过去的事都过去了！何必一直揪着不放呢？只要把身体养好，其他的都可以重来。”

仓央嘉措写过这样的诗句：“一个人需要隐藏多少的心事，才能巧妙地度过一生，在这佛光闪闪的高原，三两步便是天堂，却又有那么多人，因心事过重，而走不动。”

女人啊，放下那些腐蚀心灵的人与事吧！让曾经的痛苦、曾经的缺失、曾经的遗憾都随风而去。学会释怀，学会从容，记住该记住的，忘记该忘记的，珍惜该珍惜的，洒脱人生，心无挂碍，你便会觉得世界依然美好。

在心间种一棵"忘忧草"

万花筒一般的世界里，有多姿多彩的幸福，也有忧郁暗淡的时光。若没有一颗淡定从容的心，没有一份超然物外的洒脱心境，就只会任由忧郁无限地扩大，慢慢吞噬掉所有的幸福。

安安在一家保险公司做经理助理。这家公司的氛围很好，员工都很积极、很阳光，公司每天都有个晨会，用以激励员工，让大家充满激情地开始新一天的工作。周围的同事们每天都很快乐，闲暇的时候会讨论吃什么，周末到哪儿去玩，沉默寡言的安安对此却没有丝毫兴趣。她不爱与同事交谈，总是一副冰冷冷的样子，每天沉浸在自己的世界里，周围的人慢慢疏远了她，她却浑然不知。

每天下班回到家，安安都觉得眼睛酸胀，腿也有点浮肿。原本，这是上班族的通病，可她想的却有点多：生活怎么如此艰难？工作怎么如此机械？我到底在追求什么？她原本对生活有过太多的设想，虚幻的网络环境让她憧憬着美妙而诗意的生活，可现实却不是童话，她不愿意面对，也不愿意接受现实，只是沉浸在小伤感中不能自拔。这样的日子，过了一天又一天，每天晚上她想着想着都会忍不住流泪。大概是忧郁成了习惯，她的眼泪越来越多，心灵也变得愈发脆弱。

生活无法永远按照我们预定的方向行驶，但也正因为有了未知，生命才变得有意义。谁都会有不完美的地方，谁都会遇到不顺心的事，如果都像安安一样钻牛角尖，不肯敞开心扉，始终让心灵藏在阴暗的角落里，那么这一辈子都很难快乐了。倒不是因为她的人生路上有太多不幸，只是因为她把目光锁定在了"不幸"上，而忽视了那些幸运的事情。

黑夜总与阳光同行，快乐总与痛苦相伴，如果能多关注一些美好的东西，生活中就会充满快乐和阳光；如果死死盯着痛苦，生活就只有不幸和抱怨。淡定的女人，会选择最从容的活法，她们深知，幸福不是外界环境创造出来的，它是从内心深处散发出来的。

淡定 | 寄语

凡事只要看淡，就没有什么可忧虑的了；只要不因愤怒而夸大事态，就没有什么值得生气的了。

——屠格涅夫

著名诗人安瓦里·索赫利说过："让世俗的万物从你的掌握之中溜走，不必去忧心，因为它们没有价值；尽管整个世界为你所拥有，也不必高兴，尘世的东西只不过如此；我们该从自己的心灵之中找归宿，快一些，无物有价值。"所以，身处喧嚣与浮躁之中的女人，不妨学着在心里种一棵"忘忧草"，让它过滤掉抱怨，赶走忧郁，为心灵带来芳香与快乐。

忘忧草，可以是一本日记。当你感到沮丧，想要抱怨的时候，就把那些压抑的心情写下来。你可以把心烦的事大书特书，反正别人也看不到，只要让自己舒服就好。宣泄过后，你会有如释重负的感觉，反过来再看自己刚刚的"奋笔疾书"，或许你会淡然一笑，把坏心情和那本日记一起锁进抽屉。

忘忧草，可以是一封信。如果写日记是自我倾诉，那么写信就是向他人倾诉，每个人都需要朋友，都需要安慰，只要勇敢地打开心扉，朋友也能帮你减轻坏心情。

忘忧草，可以是一场电影。沮丧的时候，看看《幸福来敲门》，别人的幸福之路或许也能引领着你找到自己的方向；失恋的时候，看看《他没那么喜欢你》，让自己看清事情的真相，早点走出过去的阴影；累了的时候，看看《怦然心动》，两小无猜的温情故事或许能给疲惫的心带来一丝安宁……

忘忧草，可以是一段音乐。多年前，有一首歌就叫《忘忧草》："美丽的人生善良的人，心痛心酸心事太微不足道，来来往往的你我遇到，相识不如相望淡淡一笑。忘忧草忘了就好，梦里知多少，某天涯海角某个小岛，某年某月某日某一次拥抱，轻轻河畔草，静静等天荒地老……"静静地坐在床前，聆听这样的音乐，舒缓的旋律定能够抚慰你那颗慌乱的心。

忘忧草，还可以是转移情景。走出狭小的世界，到外面漫步散心，让优美的景色和新鲜的空气冲淡内心的烦躁与不愉快；离开令你伤心烦恼的地方，做一些自己感兴趣的事，参加一些集体活动，在欢乐中摆脱忧郁的阴影。

如果你今天早上醒来时还算健康，那么你是幸福的，因为平均每天有一百万人将活不过一个星期；如果你不曾经历战争的危险，那么你比5亿人都要幸运；如果你有食物吃、有衣服穿、有地方住，你比全世界70%的人还富有……想到这些，你会发现，其实幸福不难也不贵，只要心中有一棵“忘忧草”，每个女人都可以从从容容地过一生。

看淡生活中的不平事

漫漫人生路上，或许很多人事都不如想象中美好，付出与回报总会出现不尽人意的误差，挥洒的汗水换不来期待中的收获，苦苦追寻得到的不过是一身的疲惫。面对不平事，不必责备命运多舛，不必过分强求，因为生活本是如此。

唐代有一位著名的法师，法号慧缘。他曾独自一人在寺院后的山岩洞中修行了10年，后来又回到了承天寺，每夜都会在寺里通宵打坐。

一天，大殿上功德箱里面的钱突然不见了，法师无疑成了众人怀疑的对象。因为在他回寺之前从未发生过此类的事情，而且大家都知道他每夜在大殿内打坐，如果是别的盗贼前来行窃，他应该知晓才是。可当寺院主持当众说这事时，慧缘法师却没有任何反应。所有人都认为，偷功德款的人一定就是慧缘了。这件事，让全寺的僧人和居士无不对慧缘法师心存芥蒂，纷纷朝他投来鄙夷的目光。

处在这种人人怒目而视的环境中，慧缘既没有站出来喊冤叫屈，向众人申明一切，也并没有流露出半点受委屈的样子，他心平气和，若无其事，和平常没什么两样，每天按时去吃饭，每晚还是照样去大殿打坐。

七天后，寺中的主持揭开了谜底：原来功德款根本没有丢失，这是主持对慧缘法师的考验，想知道这10年来他修炼到了怎样的境界。没料到，他竟能在遭受冤枉的情况下，依然不改常态，淡定地看待不平之事，以一颗平常心面对。真相大白，全寺上下无不由衷地对他产生了崇敬之情。

慧缘大师在被冤枉的情形下，依然能够心平气和做着自己的事，这种看得破、忍得过、荣辱不惊的心境无疑提醒了世人：与其在追求是否公平的事上耗费精力，不如踏踏实实地做好该做的事。这不是任人摆布，也不是逆来顺受，而是一种理智的生活方式，一种宠辱不惊的心境。更何况，世界本不是根据公平原则创造的，根本不存在绝对的公平。

生活就像一个顽皮的孩子，有时候你跟它没有道理可讲，有时候它还会让你哭笑不得。其实，如果用看待孩子的心看生活，很多事也就看开了，看淡了，不会再有什么纠结。

女人遭到丈夫抛弃，痛苦万分，前来请教大师指点。她说："我们在一起时发过誓，谁先背叛感情，谁在一年之内就会死于非命。明明是他辜负了我，可这两年来，他竟然还活得好好的！不是说苍天有眼吗？它为什么看不见这一切？"

大师笑着说："爱的时候，但凡有真正的感情，全都发过重誓的。若他们都死于非命，那么世间还有人存在吗？老天不是无眼，它知道爱情变化无常，誓言在智者耳中，不过是戏言罢了。人的誓言会实现，都是因缘和愿力的结果。"

女人又问："现在，我该怎么办？"

大师没有回答，稍停了片刻，说："有个人在鱼缸里养了一条非常名贵的金鱼。有一天，鱼缸破了。你说他该怎么办？是站在那里诅咒、怨恨，看着金鱼失水而死，还是赶紧拿一个新鱼缸来救金鱼？"

"当然是要救那条金鱼了！"她毫不犹豫地说。

"是啊，你也该快点拿个新鱼缸来救你的金鱼了，给它一点滋润，让它获得新生。至于那个破了的水缸，就丢了吧！一个人若能够把怨恨、诅咒都放下，才会懂得真正的爱。"

女人听后，恍然大悟，面露微笑离去。

淡定 | 寄语

别怨命，命运没有待薄任何人，只会顺应你的心助你一把。你悲观它会把你推向更悲观，你坚强它会给你更强的能量。

——素黑

生活变化无常，爱情亦如此。一份真挚的爱被辜负，任何女人遭遇这样的经历，无疑都会给心灵留下创伤。此时，即便苦苦向对方要个理由，即便当面指责对方无情，也根本无法改变什么，当爱逝去，不懂放手只会让自己伤得更深。

作家契诃夫说："要是火柴在你的衣

袋中烧起来，那你应该高兴才是，而且要感谢上苍，幸亏自己的衣袋不是火药库；要是你的手指不小心被别人扎了一下，那你也应当高兴，幸亏这根刺不是扎到自己的眼睛里了；要是无意中被人踩了一下，那你应当高兴，幸亏不是被汽车轧了一下。”

简单的几句话，却道出了我们面对不平事时该有的姿态：冷静，宽容，理智，积极，平和，能够改变的，可以通过努力来求得公平；难以改变的，也可以试着改变衡量公平的标准。女人不能够苛求事事公平，更不能拿着一把公平的尺子去衡量所有，否则就是跟自己过不去。当你走过世间的繁华，阅尽世事，你会幡然明白：人生不会太圆满，哭着过不如笑着活！

心有绿洲，沙漠里也能看见风景

希望和绝望之间，只差一步路。身处沙漠之中捡到半瓶水，悲观的人感叹只有半瓶而郁郁寡欢，乐观的人却为仅有的半瓶水欢呼雀跃；漫漫无边的黑夜里，悲观的人看到的是难耐的恐惧，乐观的人却看到了明天即将升起的太阳……一样的处境，不一样的心境；一样的际遇，不一样的人生。

苏格拉底年轻的时候与几个朋友租住在一间小屋子里，尽管面积只有七八平米，连转个身都困难，可苏格拉底并不发愁，一天到晚都是乐呵呵的。

有人问他："你为什么每天都那么高兴？"

苏格拉底说："我为什么不高兴呢？和朋友们在一起，随时都可以交流思想，增进感情，这难道不是一件幸福的事吗？"

后来，他的朋友们陆陆续续都结婚了，先后搬离了小屋子，只剩下了苏格拉底一个人。没有朋友陪伴的他，依然每天笑呵呵的。

那人问他："朋友们都走了，你不觉得孤单吗？"

苏格拉底笑着说："没有朋友还有书啊，每天与它们相伴，每时每刻我都能够充实思想。有这么多的'老师'，我怎么会不高兴？"

再后来，苏格拉底也结婚了，他离开了小屋，搬到了一栋七层的高楼里。可是，他家住在最底层，经常会有人从楼上倒脏水下来，一些老鼠、臭袜子、破烂衣物等垃圾也时常出现在他家门口，在如此杂乱喧闹的环境里生活，苏格拉底不生气、不着急，和过去没什么两样。

那人又问："你不嫌这里脏、乱、吵吗？"

苏格拉底说："你看，一楼多好呀！进门就是家，不用爬楼梯。朋友们来玩，一下子就可以找到，而且搬东西也很方便。外面还有一块空地，种上一点花花草草，不是很好吗？”

又过了一段时间，苏格拉底的一位朋友找到他，他的家里有位偏瘫老人，上下楼不方便，想借住苏格拉底的家。苏格拉底很痛快地把一楼的房子让给了朋友，自己搬到了顶楼。

淡定 | 寄语

如果你怀疑自己可能做不成什么，那你一定做不成。你必须对自己的能力充满自信，继而拿出足够的勇气和毅力行动起来。

——罗沙琳·卡特

那人问道：“现在，你说说住在顶楼有什么好处呢？”

苏格拉底说：“每天上楼下楼可以锻炼身体，多么好的锻炼方式啊！顶楼的光线也很好，有利于看书写字，而且没有人在头顶干扰，每天都很安静。”

最后，那人疑惑地看着他，说：“你为什么走到哪里心情都这么好？”

苏格拉底笑着说：“决定一个人心情的不是环境，而是心境。”

幸运的人为什么会一直幸运，倒霉的人为什么总觉得倒霉？开心的人为什么一直开心，郁闷的人为什么一直郁闷？苏格拉底无疑给出了最好的答案：决定一个人心情好坏的不是环境，而是心境。

淡定从容的女人亦如此，她们永远不会任由心随境转，置身于何地都不足以扰乱她那颗平静的心。身处贫困之境时，一箪食，一瓢饮；身处喧嚣之市，心远地自偏；身处浑浊之境，出淤泥而不染。她们深知，顺境逆境都是人生，心境决定处境。

一个年轻人听说远方有一处景色异常迷人，不远万里去了那里，刚刚到达，便碰到了当地的一位老者。年轻人问老者：“这里的景色如何？”老者没有直接回答他的问题，而是反问道：“你家乡的景色如何？”年轻人回答说：“一点都不好。我讨厌那里。”老者说：“那你赶紧离开吧！这里和你的家乡一样糟糕。”

后来，又有一位年轻人来到这里，问了同样的问题。老者依然反问年轻人，年轻人回答说：“我的家乡很美，有我思念的家人，还有我儿时的玩伴，那里的山山水水、一草一木都让我怀念……”老人说：“这里和你的家乡一样美。”

旁人对于老人先后不一的回答感到不解，便问及原因。老者说：“一个人在寻找什么，就能够找到什么！”

当你总是在追求美好时，你的双眼看到的都是美好；若你总是在寻找黑暗时，那么黑暗就会一直包围你。《杂阿含经》有一句妙语：心恼故众生恼，心净故众生净。心境常常决定着处境，心想事成并不难，幸福快乐也不难，只要把自己的内心调整好，一切都会顺利。真正的快乐是内心的快乐，真正的幸福是内心的幸福。给内心一片安宁之所，自然会滋生出种种快乐和幸福。

纷繁的世界里，难有完美的人生，难找完美的环境。谁的人生都会有黑夜与黎明，都会有起伏跌宕，如果一味地让心沉浸在黑暗中，即便黎明来了也感受不到。如果心中有绿洲，那么即便身在一望无际的沙漠，也一样能够看到绝佳的风景。同样是活着，为什么不活得从容一点？同样要走下去的路，为什么不笑着走呢？收起脸上的愁云，以阳光的心去生活，你就会成为一生与幸运相伴的女人。

优雅的女人永远不会老

席慕蓉有一首诗名为《千年的愿望》："总希望/二十岁的那个月夜/能再回来，再重新活那么一次/然而/商时风/唐时雨/多少枝花/多少个闲情的少女/想她们在玉阶上转回以后/也只能枉然地剪下玫瑰/插入瓶中"相信每个女人听到、读到这首诗，都会为之动容。不仅是为作者清丽的文笔，更是为了这首诗背后隐喻的女人的心思。

莎翁曾说："曾经是一个短暂的梦，当你醒来时，它早已消失无踪。"岁月是女人的天敌，哪个女人不渴望留住美好的青春，哪个女人面对无情的岁月不会发出感慨？哪个女人甘愿看到自己的生命之花日渐枯萎？可这是没有办法的事情，即使你害怕，岁月也一样会慢慢地流走。古人早就在词中写道："红颜弹指老，刹那芳华。"然而，三毛却说："之所以悲哀，是因为留不住岁月，也无法不承认，青春终有一天会消失而去。人之所以可贵，也在于随着时光环境的改变，在生活中得到长进。"

杜拉斯的经典著作《情人》的开篇写道："我已经老了，有一天，在一处公共场所的大厅里，有一个男人向我走来。他主动介绍自己，他对我说：'我认识你，永远记得你。那时候，你还很年轻，人人都说你美，现在我是特为来告诉你，对我来说，我觉得现在的你比年轻的时候更美，那时你是年轻女人，与你那时的面貌相比，我更爱你现在备受摧残的面容。'"

有一种女人，对年龄心存雅量。当那一串串铭记了韵味的字符呈现在她们面前时，她们会用丰满的思绪来填充数字。岁月不仅带不走她的美，反倒会让她的美变得更深邃、更有质感。

别人都喜欢叫她阿玉，尽管她已经45岁了。阿玉年轻的时候非常漂亮，现在的她经营着一家服饰专卖店，虽然年纪大了点，却还能隐隐约约地从她的脸庞上折射出昔日的光辉。平日里，阿玉的穿着十分入时，身边的朋友都纷纷称赞她年纪越大越懂得穿衣之道。其实，她们不知道，如此淡定的阿玉曾经也为自己的老去苦恼不已。

有一天，她无意间在广播中听到了一句话：女人可以优雅地变老。恍然间，茅塞顿开。没有往日的美丽容颜，为什么不让自己变得优雅些呢？

从那天开始，阿玉不再苦恼了。她开始留意适合自己的衣服，符合自己年龄和气质的发型，读适合自己的书，看适合自己的电影，听适合自己的音乐。她知道，优雅是一种由内而外的气质。优雅绝不是假装，也不是造作，而是一种自然的神态，在举手投足间自然流露出来的风韵。没有一个人懂得阿玉如何变得如此优雅，她只是慢慢地摸索，慢慢地寻找，找到了适合自己的方式。

后来的阿玉，从来不怕别人说她老，因为她知道自己优雅的气质已经完全把身上的老态遮掩了。就连自己的儿子也赞美她说："我的妈妈，是一个优雅的女人。"

人在青春年少时，姣好的容颜与苗条的身段，阳光的气息，无疑能够吸引众多的目光。随着时光的流逝，容颜会渐渐老去，身材也会走样，这一切都是不可逆转的，唯有心灵与生活的积淀，会让女人比年轻时更丰富、更有内涵。淡定的女人，无论什么时候，在什么样的场合，总能以最温婉、最优雅的姿态出现，给人如沐春风的感觉。她们思想深邃，淡看岁月流转，优雅从容地活着，即便年华已逝，却终究"不老"。

淡定 | 寄语

女人对年龄要有雅量。不要对抗时间，不要把皱纹看得那么可怕。即便老了，你曾经拥有的岁月和人，也会温暖你的回忆。

——毕淑敏

在17岁之前，赵雅芝并没有想过自己会走上演艺的道路，她和很多年轻的女孩子一样，梦想环游世界，所以，当她知道一个航空公司招聘空姐的时候，这个急于实现梦想的女孩子毫不犹豫地报了名，她如愿的成为了一名空姐。当首届香港小姐选举在香港无线电台展开的时候，赵雅芝又抓住了机会，她获得了第四名的好成绩，赵雅芝的星路由此开始。她先后出演了《上海滩》、《楚留香》等一系列红遍中国的电视剧，以她优雅的举止和轻盈的身姿，以及精湛的演技一次次征服了电视机前的观众。

在出演《新白娘子传奇》的时候，赵雅芝已经38岁了。一个接近40岁的女人，依然有着迷倒众生的魅力，那一颦一笑，没有任何做作的痕迹。屏幕上的赵雅芝和生活中的赵雅芝是如此贴切，温柔的举止，优雅的动作，甜美的笑容，让每一个见到她的人都不禁产生一种温暖和亲切的感觉。

有人说，赵雅芝是永不凋谢的玫瑰花，她的美不仅仅在外表，还有内在的修养和内涵。多少年来，赵雅芝片刻不停地充实着自己的内心，她不断地提升自己的修养，总是以最优雅的形象出现在大家面前，她从来没有在公众面前耍过大牌或者发过脾气，她就像美丽的西湖，总是那么温婉娴静。

赵雅芝在接受采访的时候说："美丽，就是一种平和、自然的心态。"表面的美丽永远不能称得上真正的美丽，只有提高自己的修养，充实自己的人生，才能在时间的雕刻下，保持永远的优雅之美。

优雅地变老，是一种多么值得期待的姿态。即使老了，也要成为一个可爱的老妇人，使人倍感亲切。优雅是一种姿态，它从容淡定，不张扬不炫耀；优雅是一种幸福的表情，即使面对苦恼，也依然保持微笑。

陈冲18岁在美国闯荡的时候，看见很多二十几岁、三十几岁的外国演员，那时她就想，如果自己到了那个时候，是不是老得不能看了。然而经过岁月的洗礼，现在的陈冲已经褪去了身上的青涩，变成一只优雅的蝴蝶，越飞越高。

淡定的女人，她们的人生就像五颜六色的织锦，每一根彩线都七浆七染，独一无二。二十岁像一朵娇艳的鲜花，三十岁像一部文字细腻的小说，四十岁像内在与外在融汇而成的华尔兹，五十岁像望尘莫及的风韵诗歌，六十岁则像充满沉香的红酒。她们的内心有一份优雅和柔软，让她们永远不老。不知感恩、不懂知足、不会感受快乐的女人，纵然涂抹了再多的化妆品，眉宇间也不会有那一份柔软、优雅和从容。因为，后者是从心里生发出来的，是岁月永远剥夺不了的。

微笑着走过愤怒的拐角

一条河里生活着一种特殊的鱼，它们骨刺很少，肉质鲜美，是水鸟们最喜爱的美食。不过，想捉到这种鱼并不容易，因为它们非常狡猾，总是在深水处活动。

某日，一条鱼与同伴玩耍的时候，不小心撞到了桥墩上。顿时，它觉得头晕目眩，昏了过去。等它醒来的时候，看到同伴们在旁边笑着，它非常生气。它不停地绕着那个桥墩打转，一会说水流太急，一会又说桥墩太密。不大一会儿，它的肚皮气得圆圆的，便漂浮到了水面上。此时的境况是多么危险呐，可沉浸在愤怒中的鱼儿并没有察觉到，它依然满腹牢骚地徘徊在桥墩周围。这时，一只飞鸟看到了它，一下子将它抓住，享受了一顿美餐。

英国著名作家迪斯雷利曾说："为小事而生气的人生命是短促的。"短短的一句话，或许是对上面的寓言故事再恰当不过的概括了。生命短短几十年，为一些不值得的事情让自己大动肝火，着实不值得。道理浅显易懂，可生活中还是有不少女人会犯这样的错误，为了一点小事耿耿于怀，甚至持续好几天，心里的怒火怎么都平息不了，扰乱了自己平静的生活。

难得迎来一个不用加班的周末，苏珊娜起床之后给母亲打了一个电话，想向她问个好。可是，家里那两个调皮的孩子却总是在身边跑来跑去，不停地问她问题，要么就拽着苏珊娜的衣角，让她讲故事。苏珊娜觉得烦透了，忍不住冲着孩子嚷了一声，然后粗暴地挂断电话，接着又把孩子们训斥了一番。两个孩子哭起来，他们不知道自己做错了什么。

苏珊娜坐在沙发上，想着刚才发生的事，更觉心烦。倒牛奶的时候，又不小心把手烫了，她觉得都是因为孩子吵闹的缘故。中午洗碗，她不小心又打碎了杯子，虽然杯子不值钱，可苏珊娜却更加烦躁了，索性把餐具扔在水池里，她认为这也是孩子的吵闹让她的心情变糟糕的结果。

淡定 | 寄语

一个优雅的女人是不生气的。

——林志玲

事情还没有结束。洗衣服的时候，苏珊娜发现那件心爱的毛衣上面的漂亮的珍珠扣子，竟然莫名其妙地少了一颗。她真的要崩溃了，怎么一天都没有好事发生？她一边嘟囔着，一边擦地、整理衣物，不时地教训一下孩子，就这样，周末过去了。晚上，丈夫下班回来，她没有心情问候他，而是打个电话约了艾米就出门了。刚刚回家的丈夫，不知道今天发生了什么，竟然让苏珊娜如此愤怒。

和艾米见面的那一个多小时，苏珊娜不停地诉苦，抱怨这一天发生的事情，她不停地重复着："都是那两个不听话的孩子，弄得我一整天心情都不好。"艾米听着她讲述一切，嘴上笑着说："孩子没做错什么呀？你生气是你自己造成的。更何况，这都是些微不足道的小事啊，你何必让自己纠结一整天呢？这么好的周末时光，真是浪费了。"

苏珊娜突然冷静了许多，她反应过来，小孩子缠着大人很正常，为什么今天的自己如此生气呢？难道，就因为早上的一件小事，弄得自己一天都不愉快了吗？

其实，根本不是因为今天发生的事，而是在于今天苏珊娜面对事情的心态，她给自己挖了一口愤怒的陷阱，进去之后就无法自拔，甚至不愿意从里面走出来。

我们都知道，冬天的雪人是怎么堆起来的，起初揉一个小小的雪团，而后拿着小雪团在地上不停地翻滚，雪球变得越来越大，只要你需要，还可以将它滚得更大。其实，生气也是一样的。把一点小小的坏情绪翻来覆去地强化，最后越来越生气，越来越愤怒，这时已经不仅是成为导火索的小事了，而是任由愤怒蔓延，情绪失控。此时，自然看什么都不顺眼。

想想看，何必纠结在这些不愉快的事情上呢？越将它放大，越让自己不愉快。女人都该明白，唯有庸者才会带着放大镜寻找让自己生气的蛛丝马迹，而淡定的女人总会将那些事不断缩小，最后把它们当成衣服上沾染的灰尘，轻轻弹掉，带着微笑走过愤怒的拐角。

生活美好不美好，幸福不幸福，有时全在于自己的心。当你保持微笑，努力让自己冷静一点，想开一点，宽容一点，和气一点，你会很快地摆脱愤怒的情绪，慢慢地也会养成遇事不慌、不乱、不急、不躁的习惯，平心静气地生活。要知道，生活就像是一面镜子，你笑它也笑；你哭它也会跟着你哭。既然如此，何不带着嘴角的那一抹微笑生活呢？别忘了，没有人喜欢你生气的面孔，却有很多人会欣赏你优雅从容的姿态！

第7章

寻找幸福的节奏

——品味慢活，让灵魂跟上脚步

不知道从什么时候开始，
女人的生活节奏开始以忙碌为基调了，
她们原本想象着快一点能够更靠近幸福，
却忘了脚步走得太快太远，
终有一天会不记得自己为什么而出发。
与其在迷乱中行走，
不如让心灵的脚步慢下来。
漫长的人生路，
活得最好的总是那些沿途看风景的人。

永不停歇的红舞鞋

相传，世上有一双非常漂亮的红舞鞋，穿上它跳舞，身体会变得异常轻盈，舞姿也富有活力。不过，这双鞋有一种魔力，一旦穿上它就会永不停歇，直到累得筋疲力尽。

有个女孩抵挡不住诱惑，不听家人的劝告，悄悄地去寻找那双红舞鞋，最终她找到了那双鞋，并且穿上它跳起舞来。果然，她兴奋不已，眼光发亮，身姿轻盈，好像有舞之不尽的激情与活力。她穿着那双鞋，跳过了田野乡村，跳过了街头巷尾，惹得周围人艳羡不已。

夜幕降临了，女孩累得腿脚发软，她想停下来，可脚却怎么也不听使唤了。她终于明白家人为什么极力阻拦她了。可惜，后悔无用。她在黑暗中一面哭，一面跳着。

几天以后，人们发现女孩安详地躺在一片青青的草地上，旁边躺着那双永不停歇的红舞鞋。

第一次读到这个故事时，只是觉得情节很诡异，可静下心来品悟时，却发现故事背后隐喻着警醒的道理。这个世上，多少女人在重复着故事中的情景，她们在生活中穿上了那双“红舞鞋”，试图让自己舞动得更加轻盈，让日子变得更加光鲜亮丽，然而精力和体力却在一点点透支，她们不知道自己的目的地在哪里，究竟什么时候才是尽头。穿上了那双鞋，忙碌的生活怎么也停不下来，像是拧紧了发条的机器，无休止地高速运行着。

太多女人习惯这样想问题：如果我得到了那个工作，如果我有了那个房子，如果我赚到那样多的钱……我就会觉得幸福和满足。可事实上，一旦迈开了追逐名利的脚步，就停不下来了，因为从一个目标跑到另一个目标，等真的到达了那儿，会发现离想象的幸福还很远，经不起诱惑，不懂克制，不懂满足，永远都不会感觉到幸福。

当然，还有一些女人，根本不知道目的地在哪儿，她们之所以拼命奔波，不肯停歇，完全是跟随着别人的脚步，生怕“掉队”。她们就好像《阿甘正传》里跟在阿甘后面的那群人，因为别人跑，所以我也要跑。殊不知，生活根本不是你死我活的战场，更没有必要跟随别人的节奏生活，如果真的想奔跑，那也该像阿甘那样：“有一天，我忽然想跑步，于是我就跑了起来。”不管前方的路多长，都开开心心地跑着，无论多少人超越了自己，都可以心无旁骛。有一天觉得累了，不想跑了，那就转身离去，不管身后有多少人叽叽喳喳地议论，这才是智慧的人生，淡定的活法。

淡定｜寄语

当我们正在为生活疲于奔命的时候，生活已经离我们而去。

——约翰·列侬

冷静地想一下，生活中你见过哪一个超高速运转的东西可以收放自如？你见过哪一个绷得过紧的琴弦依然能弹奏出美妙的乐章，始终不断？你见过哪一个日夜高度紧张压抑的人健康幸福活到老？

她叫张悠然，母亲给她起这个名字，是希望她可以悠悠然地过一生，不求大富大贵、轰轰烈烈。然而事与愿违，悠然偏偏是个爱争强好胜的女子。

闺蜜结婚住进了新房，她也逼迫着男友买房，用她的话说：“你看，别人都已经有房子了，都是同龄人，我们也得努力了。现在看看自己，觉得活得太‘狼狈’了！”她白天上班，晚上做兼职，还要求男友也这样连轴转，男友受不了每天生活在这种“紧迫感”与“焦虑症”的环境中，提出了分手。工作上的她，也像个“拼命三郎”。她每天晚上都要工作到一两点才睡，早上五六点钟就起床，每天根本睡不了多久。虽然看起来精力充沛，其实那是因为喝了咖啡的缘故。她总是担心，如果有一天自己不这样做了，上司会觉得她偷懒，认为她工作不够努力，担心下一次裁员的名单上就有自己……这样的日子过了一年多，周围的人发现悠然的性情变得很暴躁，还常常焦虑，身体状况也愈来愈差，可工作的业绩却没什么大的起色。

母亲知道了悠然的情况，从外地过来陪她。看到女儿这样，母亲叹了口气，说："年轻的时候，我也跟你一样，什么事都要强，逼迫着自己达到一个又一个的目标。直到你父亲去世，我才明白，过去的日子我根本没有真正地'生活'过。"接着，母亲从包里拿出来一个日记本，说："这是你父亲生病时记的日记。"

悠然接过来，翻开第一页，看到了父亲隽秀的笔迹："世上很多人都畏惧死亡，总觉得死亡从后面追赶着他，为了逃避死亡，他们每天匆匆忙忙，把生活的时间表填得满满当当，以为这样就可以避免被死亡追上。直到有一天，他们与死神相遇，才明白死亡不是从后面追赶着自己，而是在前面等着。不管走得快与慢，最终都会与死亡相遇。"

悠然哭了。她想起了父亲，更感激父亲给自己留下的这一份宝贵的人生财富。

当我们在追求所谓的"成功"与"幸福"，没日没夜、东奔西走的时候，生活已经离我们而去了。上帝曾经问三个凡人，来到世上是为什么？第一个人说是为了享受生活，第二个人说是为了承受痛苦，第三个人说既要承受生活的磨难，又要享受生活赐予的幸福。上帝给前两个人打了50分，给第三个人打了100分。

女人要明白，生活不只是为了到达山顶那个目标，也不是没有目的地围绕着山转。无论做什么，都要适可而止，张弛有度，合理安排，在有效的时间里干高效率的事，既要承受工作带来的紧张和压力，又要享受工作之余的轻松快乐，这才是生活的正常节奏，才是有价值的幸福人生。

找回生命中遗失的美好

没有去厦门的时候，一直对鼓浪屿充满期待，想象着自己在那个浪漫的地方，是怎样的心情？后来，坐上了飞往厦门的飞机，心中躁动不已，恨不得一下子能够飞到那里。终于，几经辗转抵达了目的地。放眼望去，想象中的恬静、浪漫荡然无存，有的只是攒动的人群在那里拍照留念。后来想想，厦门之旅最美的时候，不是到了鼓浪屿，而是在去往鼓浪屿的路上那份充满期待的心情，可惜的是，坐在靠窗位置的机舱内，居然忘了欣赏身边的云朵，去往鼓浪屿的途中，也忘记了给途经的那些美丽的小店铺、小美食拍张照片作为纪念。

后来想想，人生不也是这样一段旅途吗？我们都行走在这条路上，朝着自己心中的目的地奔驰。为了早一天抵达，浮躁了心灵，扰乱了清静，羡慕着别人轻盈的步伐，抱怨着自己身上背负的"包袱"，途中的自己巴不得一下子飞到目的地，过程中感受到的全是急躁与疲惫。总是以为生活在别处，却不知道沿途上一样有美景，只是在生命的列车急速驶向目的地的路程中，被自己遗忘了。

五一小长假，阿岚回家探亲。无奈，火车很拥挤，她只得站在车厢里。虽然站得很辛苦，腿酸脚疼的，可她还是尽量安慰自己：忍忍吧，只有三个小时，很快就到了。说不定，途中还会有人下车，自己能够趁机抢到一个座位。

阿岚身边的乘客是一位老人，他们并肩站在窗口前，不时地感受着来自车厢内的拥挤。人实在是太多了，狭小的空间让人很难受。于是，阿岚问邻座的男子："请问，您到哪一站下车？"男子回答："下一站就到了。"阿岚心中窃喜，仿佛等到了一丝希望，她盼望着车能够快一点到站，自己能够坐下来歇息会儿。

半小时之后，火车到站了。很多人着急下车，秩序一下子变得混乱了。阿岚刚刚要坐下，这时一位壮汉不知从哪儿挤了过来，一屁股坐在了那个空位上。阿岚很郁闷，狠狠地瞪着那个男子，心想这个男人怎么连“女士优先”的礼仪都不懂，可她无可奈何，只好继续站着。过了一会儿，她在嘈杂中听见了一声感叹，是刚刚身边站着的那位老者发出来的。

老者没有变换位置，依然凝视着窗外，不时地露出笑意。顺着他的眼光看去，是一条波光粼粼的小河，河上还有两艘小船。老者说：“窗外的景色可真美啊！”阿岚随口应和：“是啊！”老者又说：“你看那田地，那河流，那山脉，真是太美了。平日里哪能看得到这些啊？”阿岚笑了。老者不解地问：“难道不是吗？”阿岚忙说：“您说得没错。”老人似乎明白了什么：她是笑我迂腐吧！

老者沉默了片刻，忽然亲切地对阿岚说：“姑娘你看，这个车厢里的人，不是着急地等着下车，就是等着抢座位，根本没有人留心窗外的风景，真是太遗憾了。这一路上就非得坐过去吗？不能一路欣赏过去吗？”阿岚听了，心里有一丝触动。老者又说：“我年轻时，为了眼前的东西错过了很多更好的机会。现在，我已经不再关注这些了，只想多看看路上的风景。”

阿岚刚刚还一直烦躁、焦急的心，突然间也平静了下来，她与老者一同欣赏起路边的风景来。

淡定 | 寄语

似乎大部分人都认为，人生就是一场竞赛，所以只会为了尽快达到目的地而疲于奔命，根本无暇留意路途中那些美好的景色。然而，在竞赛快要结束的时候，他们才恍然大悟，之前所做的竟是一些毫无意义的事情，而自己却已经老了。

——琴·韦伯斯特

生命之旅本就如诗如画，春日有柳絮绵绵，夏日有细雨霏霏，秋日有硕果累累，冬日有白雪皑皑；山川有雄伟壮观，盆地有富饶美丽，都市有热闹繁华，乡村有安宁祥和；白天有蓝天白云，夜晚有寂静空旷，这一切无不是美丽的风景。偏偏，生活在现代世俗的物质社会中的女人，越发没有时间和心情去欣赏与寻求生命中的惊奇与美丽了，财富、名利、地位、荣耀充斥着她们的心，遮住了她们的眼。

诚然，物质生活能够带来享受，追求物质生活无可厚非。只是，把所有的心思和精力都用在追寻物质上，就会遗失很多美好的东西，就不会再有闲情逸致欣赏路边的美景。待到抵达终点的那一刻，蓦然回首，却发现最美的东西已经因为自己的匆忙而错过了。

海边有一栋美丽的别墅，那是一对夫妻的家，只是他们每天忙着做生意，从来没有在这栋海景房里静静地欣赏过风景。他们太累了，即便已经有了普通人难以企及的财富，可欲望无止境，他们还在奔走着，一刻不停歇，每天回到这个有名无实的家，倒头就睡了，管它窗外的大海是潮起还是潮落，这里似乎只是个驿站而已，周围的邻居都很少见到他们。

后来，这栋别墅里又来了一个人，她本是夫妻俩请来打理家务的保姆，却被周围人误认为是别墅的主人——每天早上，享用过早餐后，她开始收拾家务，而后便躺在天台上享受海边的风景。中午吃过饭，她会小憩一会儿；醒来之后，在家里准备点糕点，出去买点东西；晚上吃过晚饭后，她带着小狗去沙滩上散步，悠然自得，恬静优雅，尽情享受生活赋予的一切。

其实，生活中类似的故事还有很多。学生时代，有些女人为了考上理想的大学，或是将来找到一份好工作，把自己埋在书海中，忽略了周围的人与事，当她们如愿以偿满心喜悦时，回头看看，竟然连一个分享的人也没有。工作之后，有些女人执着于事业的成功，忽略了家人、忽略了朋友，甚至也忽略了自己的爱情，当忙碌的脚步“转”出了财富与成功时，也“磨”掉了美好的精神财富。

既然如此，我们为什么不能够给自己留一点时间，给自己留一份心情，欣赏旅途中的风景呢？人生之旅是单程的，没有回头路，与其焦急地赶路，烦躁地抱怨着路途的遥远，倒不如慢下来欣赏一下沿途的风景。生命的旅途中，抱怨无聊、孤独、疲惫的都是不懂生活的女人，内心淡定而懂得幸福的女人，一定会告诉你路上的风景有多美。显而易见，同样是行走在路上，同样是面对漫长的人生路，收获最多、活得最好的总是那些沿途看风景的人。

一位女清洁工在仔细地扫着繁华的街道时，有人问她："您为什么那么认真地清扫街道呢？就算您清扫得再干净，别人也不会夸奖你的。"清洁工笑了笑说："我觉得这份工作能给我带来快乐。清扫街道时，我看重的不是结果，而是我在工作时能够每天见证一座城市在自己手中变得干净、整洁，这种满足和骄傲是无法言喻的。"

美丽的蝴蝶破茧而出时，我们不禁惊叹于它的蜕变。可是，蝴蝶在蜕变之前的挣扎与痛苦又有谁知道呢？如果没有之前的苦心孕育，怎么会有今天的精彩绚丽？最终的结果固然重要，可是过程更是弥足珍贵。每个女人都是翩翩起舞的蝴蝶，都可以拥有幸福的绚丽生活，只要她愿意接纳过程中的喜悦悲伤，放松心情去品味生活的过程，就不会错过生命中的美好。

日子还长，好好爱自己

改变不了人生的长度，却可以活出不同的宽度；延长不了时间的长度，却可以活出不同的空间。一味地为了生活忙碌，忽略了健康、家庭、亲情、友情、爱情、乐趣，这样的人生就像没有色彩的黑白电影，勾勒不出美丽的画面。终日忧心劳碌、患得患失的女人，看似像生活的主宰者，实则是生活的奴隶与牺牲品。

托马斯·库克是世界著名的航海家，他曾经在日记中记录过一次百思不得其解的经历。

当时，他带领船队航行到大西洋的时候，突然在浩瀚无边的海面上看到了数以万计的海鸟，它们在天空中久久地盘旋，发出的鸣叫声震耳欲聋。奇怪的是，许多海鸟耗尽了全部体力嘶喊与盘旋之后，义无反顾地坠落于茫茫大海，海面上不断激起阵阵水花。

库克船长亲眼目睹了这一悲壮的场面，但他并不是唯一的见证者。在他之前，很多渔民也为这样的情景感到震惊。当时的鸟类学家们对于这种现象也感到十分奇怪，在长期的研究中，他们发现，来自不同方向的候鸟会在大西洋的这一地点会合，但至于那些海鸟为何会接二连三地投身大海，他们并不清楚。

直到20世纪中期，这个谜团终于解开了。原来，海鸟们葬身的地方，很久以前是一个小岛。对于迁徙的候鸟们来说，这个小岛无疑是暂时休憩的一个落脚点，是茫茫大海中不可或缺的安全之地，它们在极度疲倦的时候可以在此栖息。后来，因为一次地震，这个小岛沉入大海消失了。迁徙途中的候鸟们，当然对此一无所知。它们仍然像过去一样飞到这里，希望稍作休息，缓解一下身体的疲倦再继续开始新的征程。可是，那个被它们寄予希望的小岛不见了，再也找不到了。早已筋疲力尽的鸟儿，只好无奈地在这个小岛的上空盘旋着，悲哀地鸣叫着，盼望着小岛可以重现。

终于，它们绝望了，也耗尽了全身最后的一点力气，无法再前行，唯一的选择就是将自己的身躯，化为汪洋大海中的点点白浪，与心中那个美丽舒适的小岛一同深埋海底。

多么悲哀的海鸟！在耗尽了所有的精力之后，最终带着疲倦与满心的遗憾消失在茫茫大海之中。我们的一生也是一次漫长的“迁徙”之旅，紧张忙碌的生活中，每个女人都会有身心疲惫的时候，需要找到一处憩息之所，为自己消除疲惫，积蓄继续前行的力量。但我们不必像海鸟那样，非要到达心中的“小岛”再停歇，未来的日子很长，路途也很远，迁徙的途中我们可以随时为心灵减负。

生活中，很多身处职场的女人半开玩笑地说：“别人说我们是白领，可我们每个月的工资都白领。”这不是谦虚，而是抱怨自己的付出与所得不成正比。在竞争残酷的职场中打拼，她们付出的绝不仅仅是一天八小时的劳动，失去的也不仅仅是健康和亲情。每天急匆匆地上班、加班，即便吃饭、去厕所这般如此平常的小事，也要一溜小跑，以便节省出更多的时间来工作。

一年到头，她们似乎没有清闲的时候。虽然有假期，可假期更忙，因为还要打理繁琐的家务。她们的生活节奏越来越快，内心却越来越烦躁不安。每天都是忙碌，越忙碌越茫然，一颗浮躁的心游来荡去，疲惫不堪。她们有时根本不知道为何要这么忙，这么拼命地赶路？她们用心中假想的那个“小岛”来安慰自己，可那个梦想之地，究竟到什么时候才能到达？真的到了那里，就能够得到彻底地休憩吗？谁也不知道，因为生活在变迁，我们想象的和即将会发生的，不可能永远同步。

淡定 | 寄语

无论怎么样，一个人借故堕落总是不值得原谅的，越是没有人爱，越要爱自己。

——亦舒

她是一个职场女精英，每天要工作十几个小时，除了休息日，把吃饭和睡觉的时间也都挤出来给了工作。可是她却因为一次决策的失误，导致公司损失了大笔的资金，而被停了职。曾经的风光化为乌有，更可悲地是，她的身体状况大不如从前，过去几年积攒下的钱，统统用在了看病上。物质生活又都回到了最开始的样子，可她却再不是当年意气风发的样子了。

还有一个电视节目主持人，每天要录制好几个节目，还到处去客串其他的节目和晚会。明明是为了想让家庭生活变得更好，可丈夫却因为她长期不在家而要求离婚，这给她的精神造成了很大的打击，最后由于情绪变差，工作机会一个接一个地都失去了。

女人要明白，生活的意义不仅仅是为了得到财富、地位，成功不是最终的归宿，幸福才是真正的目的。忙与闲，全在于选择了怎样的生活方式。当忙碌占据了所有的身心，超出了心理和生理极限时，就会产生坏的结果，让人变得疲惫、烦躁。当忙碌了很长时间之后，不妨放缓行动，看看自己的忙碌究竟得到了什么，自己感受一下身体与心灵是否需要找个地方休憩一下？

日子还长，每个女人都要好好爱自己。不必为了追求财富而让自己陷于过度疲劳之中。即便没有时间去休假旅游，在办公室里一样可以稍作休憩。你可以望望窗外的景致，体味一下大脑的思维和感受，放松一下疲惫的身心。

当然，爱自己的女人都会摆正工作与生活的关系，懂得幸福的生活包罗太多，工作只是一部分而已；合理安排作息时间，让自己从容地完成工作，从容地生活，劳逸结合才能事半功倍；关爱自己的身心健康，当身体出现压力反应时，不要再“盘旋”，尽量让自己放松下来；可以对自己有要求，但用不着为完美所累。如果一个女人可以做到这些，那么生活对她而言不会太累，幸福对她而言也不会太贵。

别走得太快，等等你的灵魂

岁月如飞刀，刀刀催人老。女人总是感叹人生短暂，于是变得行色匆匆。日复一日地奔波，似乎也是为着一些目标，可忙碌了半天，却总觉得空虚迷茫。她们从来没有真切地思考过，其实每个人的生命里都有一个自由的自己，它懂得我们心中的梦想与夙愿，为人生指引着方向，只是我们在匆忙地赶路中，把它远远抛在了后面，所以才会迷失方向。它——就是我们的灵魂。

为了寻找古印加帝国的文明痕迹，一位考古学家不远千里来到了南美的丛林。为了防止遇到一些不必要的麻烦，影响进度，他雇佣了一些土著人作为挑夫和向导。就这样，一行十几个人浩浩荡荡地出发了。

他们穿过一片片丛林，连续赶了三天的路。考古学家十分惊讶那些土著人的力气，他们背着沉重的行李与器材，却依然可以健步如飞。尽管考古学家跟不上他们的步伐，可看到他们走得如此飞快，心里自然也很开心，毕竟对他而言，早点到达目的地是他最大的心愿。一路上，他很累，但也尽量不停歇以便能赶上那些土著人。

到了第四天早上，考古学家发现了一个奇怪的现象：这些土著人说什么都不赶路了，他们放下了行李和器材，好像在等待着什么。考古学家心里很焦急，但不管他怎么劝说，土著人就是不赶路。经过仔细沟通，考古学家发现，原来这里一直以来都流传着一种习俗——在赶路的时候，要竭尽全力地拼命往前走，但每走上三天，就要停下来歇息一天。

这个习俗引起了考古学家的兴趣，他决定进一步考察一下。于是，他带着满心的疑惑与兴趣请教了向导。向导非常郑重地告诉他：“我们之所以停下来，是为了等待我们的灵魂，让灵魂可以赶上我们疲惫的身体。”

听完之后，考古学家沉思了许久，随即又露出了笑容。他在心里默默地思索着刚刚听到的那番话，或许，这也是他此次考古行程中，最有价值的一项收获吧！同时，它还是一份受益终生的财富。

淡定 | 寄语

生活，是一种缓缓如夏日流水般地前进，我们不要焦急，我们三十岁的时候，不应该去急五十岁的事情，我们生的时候，不必去期望死的来临，这一切，总会来的。

——三毛

生命之所以能绽放出光彩，在于灵魂与身体和谐的统一。当我们感到最舒适、最惬意的时候，往往是灵魂离身体最近的时候。那时的我们，有心情去回望曾经的故事，有时间细数过去生活中点点滴滴的感动，有心思静下心来品味平淡的日子。

可惜，纷乱的都市中，四处弥漫的浮躁气息已经让太多女人变得不淡定，眼前看到的只有川流不息的人群，听到的只有喧嚣的吵闹声，脑子里想到的只有宏伟的高楼、豪华的车子、LV包包……在为这些身外之物奔忙时，她们的表情也变得僵凝了，该有的微笑也被烦躁与疲惫掩盖了。没有清风过耳，没有溪流潺潺，没有鸟语花香，那些似乎只会在梦中出现。她们经常会觉得周围的事物很陌生，身处人群会感到孤单无助，拖着一个没有灵魂的躯体挣扎、游荡。

她曾经也是个有才华的女人，早年写过不少有名的作品。后来，她成了一名出版商。过去，谁见了她都觉得这女人气质淡雅，不是因为身上的穿着，是骨子里透出来的那份淡然自若。大概，这就是所谓的“腹有诗书气自华”吧！

这些年，她一直忙于出版事务，繁忙的工作经常让她感到疲惫不堪。偶尔在QQ上遇到朋友，她也总是抱怨，说自己策划的这个选题、编撰的那个丛书，每天心力交瘁。朋友劝她不要太累，给自己留点休息的时间和空间。可她却说不行，自己刚刚贷款买了房子，还欠着银行40多万呢！自己不忙活，得什么时候能还得上呢？朋友理解她的处境，便没再多说。

后来，她把房贷还得差不多了，可又揽了一大堆的活儿，目的是多赚点钱给自己买辆车，因为周围的人都有车。朋友见此情形，默然不语。因为眼前的她已经不再是当初那般模样了，她浑身带着一股世俗之气，曾经淡泊而美好的灵魂，早已离得很远了。

其实，我们身边类似这样的女人太多了，每天都活在无尽的欲望中，在忙碌中追逐，尽管身心疲惫，却又不愿意放手，失去了灵魂的依托，甘愿成为物欲的奴隶。可是想想，拥有了优秀的才华，拥有了成功和财富，就一定拥有了幸福吗？殊不知，有时候幸福比优秀、比成功、比财富更为重要。幸福的女人，不一定要非常优秀，要非常富有，而优秀的女人、富有的女人也不一定就会非常幸福。如果有一天，那些外在的东西剥夺了幸福，这样的人生也就没什么意义了！

所以，不要等到孤单的时候才想起朋友，不要等到失去爱的时候才学会珍惜，不要等到失败的时候才记起他人的忠告，不要等到无力前行的时候才意识到生命的脆弱……如果幸福只是一瞬的绽放，之后只能用来凭吊，那么这还算得上幸福吗？慢下来吧，让灵魂伴随脚步，如此才不会感到空虚失落。

她是个快乐的女人，与丈夫经营着一家水果店。她的热情与勤快，感染了很多顾客，小店的生意也很红火。慢慢地，他们的小水果店发展成了当地颇有影响力的水果批发公司。事业上的成功，并没有改变她的活法。她不像别人那样，热衷于购置多少房产来投资，也没有终日沉浸在忙碌中。对于生意，她勤勤恳恳，对待生活，她从从容容。每年，她都要抽出一段时间，和家人外出旅游。这些年，国内的景区她都快走遍了。她的下一步计划是到欧洲旅行。别人问她有没有想过把生意做得再大一点，她说："我喜欢现在这样的生活，身体和灵魂都在路上。如果用扩大生意来换取我现在的惬意，我肯定不干，呵呵。"

蜡烛不能两头烧，精力不可过分耗。每个人都需要时间来思考一些事情，整理思绪，愉悦身心。每当迷失自我的时候，试着点一盏心灯，让它照亮来时的路，等着灵魂一点一点地跟上来。在这个纷扰繁忙的世界里，多看几本书，静心做做瑜伽，给自己一段独处的时间，喝喝咖啡，养养花草，或是打起背包行走天涯。

做一个不慌不忙、有充裕时间感受生命美好的女人吧！不要每天与时间赛跑，淡定从容地品尝慢趣、享受慢乐，才是幸福的节奏！

安心享受生活的每一天

忙，现代女人的生活常态；累，现代女人的口头禅。放眼望去，世间太多女人为了换取生活保障不停歇地工作，即便已经是衣食无忧，也不肯停下匆忙的脚步，仿佛这才是印证活着的方式，尽管内心有个声音在不停地呼喊：我已经厌倦了。

或许，身边会有人提醒她们："不要为了生活而生活，要学会去享受生活。"可听到的答案往往是："我也愿意享受，可享受需要时间和资本。"有时间时抱怨没有钱享受，有钱时却又抱怨没有时间去享受，非要等到有钱又有时间，但谁敢保证那时候的自己还有一个可以享受的生命？

其实，享受生活的快乐与幸福，没什么固定的模式。享受生活是一种淡定、乐观的心态，是以正确的方式去创造生活，改善生活，获取想要的生活，而不是用所有的时间和金钱去换取什么，奢侈地消耗生活。

她叫包希尔·戴尔，眼睛几乎什么也看不见，可她的生活却很美好，丝毫不像人们所想象的那样糟糕。因为她有一个信念：不管是谁，只要来到了这个世界上，那就是合理的。她经常说，自己相信有所谓的命运，可她更相信快乐，即便是在厨房的洗碗槽里，她也依然可以寻求到快乐。

包希尔·戴尔的眼睛，处于几近失明状态已经很久了。她曾在自己的著作《我要看》一书中这样写道："我只有一只眼睛，而且还被严重的外伤给遮住，仅仅在眼睛的左方留有一个小孔，所以每当我要看书的时候，我必须把书拿起来靠在脸上，并且用力扭转我的眼珠从左方的洞孔向外看。"尽管事实如此，可她不喜欢别人同情自己，更不希望别人把她当成一个异类。

当包希尔·戴尔还是个小女孩的时候，她渴望跟其他的孩子一同踢石子，可她的眼睛看不到地上所画的标记，根本没有人愿意带她玩。于是，她就等到其他的孩子都回家之后，趴在他们玩耍的场地上，沿着地上所画的标记，用眼睛贴着它们看，并把场地上所有相关的东西都默默记下来，那些标记慢慢地就印在她心里了。之后不久，她奇迹般地成了踢石子游戏的高手。

当别的孩子都走进学校的时候，包希尔·戴尔只能在家里读书。她总是先把书本拿去放大影印之后，再用手将它们拿到眼前，用几乎是贴到眼睛的距离看，每次她的睫毛都会碰触到书本。在如此艰难的情况下，她竟然获得了两个学位，一个是明尼苏达大学的美术学士，另一个则是哥伦比亚大学的美术硕士。

终于，在她52岁那年，幸运的事情发生了。她在一家诊所做了一次眼部手术，没想到这次手术让她的眼睛能够看到比从前视距远40倍的地方。当她在厨房里做事的时候，她觉得即使在洗碗槽内清洗碗碟，也非常令人激动。她说道："当我在洗碗的时候。我一面洗一面玩弄着白色绒毛似的肥皂水，我用手在里面搅动，然后用手捧起了一堆细小的肥皂泡泡，把它们拿得高高地对着光看，在那些小小的泡泡里面，我看到了鲜艳夺目好似彩虹般的光彩。"

当她从洗碗槽上方的窗户向外面看去的时候，出现在她眼前的是一群灰黑色的麻雀在下着大雪的空中飞翔。她是那样愉快、那样忘我地观赏着肥皂泡泡和窗外的麻雀，她在书中的结语中写道："我轻声地对自己说，亲爱的上帝，我们的天父，感谢你，非常非常感谢你！"

看到包希尔·戴尔的故事，相信很多抱怨"没时间和资本享受生活"的女人都会感到羞愧，因为自己已经生活在一个美好的乐园里了，却自己蒙上了双眼，没有去欣

淡定 | 寄语

如果没有出生在世，我就无法听到踩在脚底的雪发出的吱吱声，无法闻到木材燃烧的香味，也无法看到人们眼中爱的光芒，更不可能享受到因为自己的奋斗而带来的成功与快乐……能活在世间，是一件多么幸运的事啊！我为什么不尽情地享受生活的每一天？

——梭罗

赏和享受。

其实，用心体会，就会发现生活中许多有价值的事情值得去做，许多美丽的过程应该去感受。

吴淡如说：“当我发现一个人的我依然会微笑时，我才开始领会，生活是如此美妙的礼物。喝一杯咖啡是享受，看一本书是享受，无事可做也是享受，生活本身就是享受，生命中的琐碎时光都是享受。”

做一个懂得享受生活的女人吧！其实，享受生活的方式有很多，关键在于你如何选择。如果你希望自己不再忧虑，那就时常想一些美好的事物：买一件漂亮的衣服、买一瓶香水，用美丽的方式宠爱自己；晚上睡前，洗一个纯香沐浴，洗掉一天的疲惫；躺在床上，听听班得瑞的钢琴曲，让浮躁的心安静下来；周末的黄昏，约上一两个好友，或者挽着另一半出门，找一家餐厅享受一下从未尝过的美食；或者和家人驾车远离市区，找个风景秀美的自然景区，享受大自然的美好，惬意自在你心中。

过优雅舒适的"慢生活"

曾在《羊皮卷》中读过这样一则故事：

拉比看见一个人行色匆匆、急急忙忙地赶路，便把他叫住，问："你到底在追赶什么呢？"

"我要赶上生活。"这个人头也不回、气喘吁吁地回答。

"你怎么知道生活就在前面？只顾着拼命往前跑，一心一意想赶上生活，为什么不看看四周呢，问问自己生活究竟在哪儿？或许，它还在后面追赶你呢！只要静下心去发现，生活就能与你会合；你现在越跑越快，是在拼命逃离自己的生活啊！"

生活不是一场赛跑，而是一段旅途。我们应该慢慢走，问问自己到底要的是什么，而自己当下又在做些什么？故事中那个拼命追赶生活的人，实则是生活中不少女人的缩影，她们早已忘记日出而作、日落而息的节奏，让生命的列车以最快的速度疾行，自己的精神也在快节奏的生活中日趋紧张，直至麻木或崩溃。

记得有人说过这样一句话：我们从起点出发的时候，知道自己的目标是什么。可是走得远了，就忘记了当初为什么而出发了！奔忙的女人不妨停下来想一想，你是不是也如此？是否也是日日疲于奔命，早已忘了自己的初衷是什么？

Ella是一家公司的主管，能够坐到这个位子，她靠的就是极端努力的工作态度。如果没有把事情做完，她就不由自主地觉得沮丧，甚至还有负罪感。可是，不管每天的脚步多匆忙，做了多少事，她还是觉得不够。一旦闲下来，就觉得空虚无聊，似乎只有忙碌的快节奏生活才能让她感到踏实。当然，她的内心对于实际的工作也会感到压力重重、精神透支且枯燥乏味。

长期以来，Ella都是一心扑在工作上，从来没有停下过匆忙的脚步，尽管她住的地方风景优美，非常清静，可那似乎跟她毫无关系。她总担心自己不加快脚步，就会变得懒惰，且无法做好任何一件事。这种想法让她沮丧极了，她觉得自己跟陀螺一样不停地团团转，唯有消掉工作表上已经完成的任务那一刻，才有一丝的轻松。

淡定 | 寄语

我盘点了一下自己小小的行囊中还剩下什么。我的行囊中只剩下一件宝贝，任何珠宝都不如它璀璨耀眼——我还有信仰。

——劳拉·法拉娜

一位资深保健医生说：现在的人是两个极端——先拼命挣钱，再用钱保命。这样的话听起来有点尖刻，但却是实情。如果像Ella这样永不停息地向前跑，不正是在一点点地毁坏自己的健康吗？她们总是为没有充足时间去完成应该完成的事而感到焦虑，永远把自己的兴趣爱好以及休息时间放在次要的位置上，“吝啬”拿出时间来进行心理上的自我整理，越来越模糊自己的内心真正想要什么，让自己找不到生活的具体目标和现实生存的意义，当然最可悲的是，健康成了忙碌的代价。

在追求美好生活的道路上，固然需要努力奋斗，可同时还要注意调整自己的心态。越是在忙碌紧张的环境中，女人越需要淡定，越该学会放慢脚步，放松心灵。其实，这就是现代人常说的“慢生活”，本质上是对健康、对生活的珍视。

提及“慢生活”，可能有些女人会心存疑虑：在竞争如此激烈的社会中，慢下脚步，会不会被淘汰？其实，“慢生活”不是懒惰的代名词，放慢速度也不等于拖延时间，它只是要我们在生活中寻求到一个平衡点，享受人生的美好。淡定的女人，同时具备事业心和平常心，一份是给自己独立生存的保障，一份是给自己幸福生活的信仰。

如今，西方很多国家都已经开始“慢生活运动”，他们坚信，想要更好地享受生活，最有效的办法就是让生活的节奏慢下来。据说，当初意大利作家卡罗·皮迪尼为了抗议在意大利罗马广场上新建的一家快餐店，在小镇巴沃罗发出“即使在最繁忙的时候，也不要忘记享受家乡美食”的呼吁。这次呼吁，掀起了一股全球性的“慢生活”浪潮。如今，“慢腾腾”已经成了一种独特的生活方式，比如在轻松的环境下吃精心烹制的食品，不接听手机，不上网，慢读书、慢运动。工作之余的“慢”生活，给了人们更多的时间去细细品味生活。

所以，做个淡定的女人，享受优雅舒适的“慢生活”吧！不要急于四处奔波，让生活的脚步慢下来，让心灵的脚步也慢下来。慢，是一种态度，一种能力，一种独特的生活方式，它与财富、名望、地位没有太大关系，只要你有一颗平静而从容的心。

你可以试着为自己做个简单的计划：每天中午花半个小时的工夫闭目养神；按时下班，少坐两站地铁，体会慢慢散步的感觉；回到家，慢慢地做一顿精致而健康的晚餐；晚上少看电视和电脑，和家人在饭后一同去散步，或者安静地看会儿书；周末两天尽量不要加班，可以用来彻底放松一下。如此，你会感觉到，工作其实没有那么烦，心也没那么累了。只要学会用心仔细地去品味生活，不管是酸甜苦辣哪一种滋味，你都可以悟出生活的真谛。

停下来，只为走得更远

朱自清曾在《匆匆》中这样说道：“洗手的时候，日子从水盆里过去，吃饭的时候，日子从饭碗里过去，默默时便从凝然的双眼前过去。我觉察他去的匆匆了，伸出手遮挽时，他又从遮挽着的手边过去。天黑时，我躺在床上，他便伶伶俐俐地从我身上跨过去，从我脚边飞过去了。”

作者在字字句句中感叹着对时光逝去的无奈，劝诫人们要珍惜时光，不要碌碌无为。这原本是一种美好的提醒，可现代人却把这种“提醒”演变成了一种“走样”的生活方式。早上六点钟闹铃响起，身处职场的女人们就匆忙起床，洗漱一番，来不及吃早餐就直奔公司，一路上承受着交通高峰期的拥挤和堵塞。朝九晚五的工作中，应付同事、应付客户、应付上司，紧张忙碌得几乎让自己崩溃……不管是不是休息日，心时刻都在快速地行走着，很累，很倦。

有一首歌中唱到：“感觉快乐就忙东忙西，感觉累了就放空自己……”如果忙碌和充实的工作让你感到快乐，激情四射，那是你发现了工作的意义；如果忙碌和压力让你觉得透不过气，那是你的身体在提醒你，停下吧！

又一个不眠夜，苏秦在这一周里已经是第三次失眠了。

清晨，她强打着精神到了公司，看到周围的同事叽叽喳喳地笑着，都觉得心烦。打开MSN，经理的头像在闪动，广告文案又被退回，这已经是第五次修改稿了。苏秦觉得自己快要疯了，如此费脑的工作，总是对方一句不满意就要推翻所有重新来过。跟广告文案打了五年的交道，她着实厌倦透了，仿佛自己头脑中的灵感、心中的热情，早已在绞尽脑汁的工作中被一点一点地抽干了。

中午，别的同事议论着午餐去哪里吃，苏秦却把头埋在桌子上。真的，她只想这样趴着，眼前黑乎乎的一片，什么都看不见，什么都不想，在黑暗中求得这一份宁静。她不想吃饭，这样的状况已经持续了两周，体重也迅速下降，她觉得生活没有丝毫乐趣，甚至不知道自己为什么活着？

下午，苏秦继续修改文案。头脑空白的她，好像思维僵持住了。她打开MSN，向唯一的闺蜜倾诉：“我觉得自己要撑不住了。我真的想逃离人群，一个人躲一躲。”闺蜜说：“你需要休息了。”

“我也想休息。可是，生活的负担好大。妹妹现在的工作不稳定，一个月赚不了多少钱。最近我们刚刚搬了家，房租也涨了。我如果这时候没了工作，真不知道该怎么生活了。”苏秦眼里含着泪，在键盘上敲着字，心里的委屈、慌乱、无助，一时间涌了上来。

“苏秦，你说的这些我都明白。你总说要爱自己，总说要爱生活，可你真的爱过自己吗？你知道什么是生活吗？这些年，你都把自己当成了机器，不停地工作，身体不舒服也强忍着。”闺蜜回复。

苏秦想起这些年的生活，的确如此。可因为内心太过焦虑，她宁愿拖着疲惫的身体勉强前行，也不愿意停下脚步，她总觉得自己停不下来，仿佛后面有一股巨大的力量在推着自己往前走。

许久，闺蜜的头像又开始闪动，她发来了一首小诗：每当疲惫的时候，就请停下脚步，遥想追逐的远方，汲取力量再上路；每当困惑的时候，就请停下脚步，梳理纷乱的思绪，驱走迷茫再上路；每当痛苦的时候，就请停下脚步，抚平心中的伤口，擦干眼泪再上路；每当放弃的时候，就请停下脚步，做出艰难的取舍，打起精神再上路。有时我们停下脚步，只为走得更远。

苏秦没有说话，却陷入了沉思。临近下班的时候，她走进经理办公室，递交了一份辞呈。

淡定 | 寄语

真正的平静，不是避开车马喧嚣，而是在心中修篱种菊。

——林徽因

接下来的日子，她从强迫着自己不去想工作、想生活的状态，慢慢转变为把心放在生活中去享受每天睡到自然醒的美好，去感受心灵一点点从浮躁变得安宁，去感受身体的能量一点点地恢复，去感受自己的思维一点点从僵硬变得活跃……她突然发现，停下匆忙的脚步，生活没有变得糟糕，反倒让她重新燃起了美好的希望，也觉得日子没那么单调乏味了。

三个月之后，苏秦又回到了工作岗位上。这一次，她去了一家更大的广告公司，虽然压力还是会有，可她知道什么时候该奋力前行，什么时候该停下脚步。工作不再是她维持生活的工具，维持生活也不再是她工作的唯一目标，现在的她，享受着工作带来的成就感，也感受着生活的点滴幸福。

也许在很多人心中，忙碌是一种美德。可实际上，我们唯有揭下这层虚伪的面纱，才会看到什么是真实的生活，才知道什么事才是最重要的。

女人，不管你有多忙，都该为自己留下转身的空间。工作的时候可以拼尽全力，感觉累了就要试着停下来。休息会让你释放紧张情绪，让你的身心回复到平衡的状态。如果说，短暂的停歇会让你的工作更沉稳，生活更美好，结果也更符合期望，那么这点微小的"损失"又算得了什么呢?

爱生活、爱自己的女人们，偶尔停下繁忙的脚步吧！要知道，路边的逗留，乃是为了明天走得更好！

戒浮戒躁，放缓心态莫心急

曾有人说过这样一句话："浮躁这种情绪具有虚妄性、情绪性、盲动性相交织的特点，属于一种病态心理，它往往会让人失去正确的方向，让梦想成为不了现实。"

其实，浮躁不仅让梦想搁浅，还有可能让人的理智搁浅。这是一个真实的故事：一个年仅3岁的孩子在平安夜的晚上，永远闭上了眼睛。医院给出的死亡原因是颅骨损伤后引起呕吐，呕吐物堵塞呼吸道引起窒息死亡。他的身上，大大小小的伤痕，所见之人无不痛心。然而，更令人吃惊的是，导致这一悲剧出现的人，竟然是他的母亲。警方经过侦查发现：让母亲对亲生孩子下如此狠手的原因，竟然是为了教孩子认字。

看到这里，人们无不心痛与遗憾。一个三岁的孩子，原本该无忧无虑地活着，有着天真烂漫、幸福快乐的童年，可母亲"望子成龙"心切，用了"揠苗助长"的教育方式，真是让人倒吸一口凉气。透过这件事不难看出，现代人的心急与浮躁已经成为普遍现象。尽管很多人也明白"心急吃不了热豆腐"的道理，可依然还像故事中的那位母亲一样，少了耐心，多了急躁；少了冷静，多了盲目；少了脚踏实地，多了急于求成。可是，急躁带来的结果是她想要的吗？恐怕，得到的只有无尽的悔恨。

一个少年想要成为少林寺中最出色的弟子，于是向师父请教："我需要用多少年，才可以那样出色？"师父说："至少要10年。"弟子一听，连忙说："10年的时间太久了。如果我付出双倍的努力，需要多长时间？"师父回答："20年。"少年又问："如果我夜以继日地练习呢？"师父说："30年。"

少年有点心灰意冷，也有点迷惑。为什么自己越是努力，需要的时间越长？大师看他一脸茫然的样子，笑着说："当你一只眼睛只顾盯着目标时，那么就剩下一只眼睛寻找道路了。"

淡定|寄语

当你的情绪被触动的时候，把焦点放在自己身上，而不是触动了你情绪的那个人身上，就是累积内在力量的开始。

——张德芬

凡事都不能心急，欲速则不达，一步一个脚印地走，抵达终点是迟早的事。在这个弥漫着浮躁气息的环境中，多少人崇尚时间就是金钱，效率就是生命，从未想过舍本逐末一味求"快"的结果。浮华，终究会被历史的潮水淹没，越是身处浮躁的社会之中，越要保持内心的宁静，没有一份沉稳、踏实做事的心态，急躁沉不住气，即便目标再高远，理想再崇高，也不过是水中月、镜中花。

小冉在一家研究所上班，主要工作就是研究文艺学。对于年轻的女孩来说，搞研究确实是一个枯燥、需要耐得住寂寞、坐得住冷板凳的职业，急不得、躁不得，好东西都是慢慢"熬"出来的。

一天，小冉在书库里找资料，翻了半天也没找到，顿时觉得心里很烦。她心想：这样做事效率太低了，要多少年才能研究出有价值的东西啊！这么枯燥的日子，什么时候才算个头？想着想着，她心里就更不平衡了，甚至有点怨恨自己，当初为什么非要选择到研究所里上班呢？现在都已经工作三年了，身边有几个同学早已结婚了，他们自己做点生意，不管是贷款还是全款，至少都买了房子。看看自己，还是住在单位的宿舍里。

想到这里，小冉的心更加浮躁了，她已经没有办法静下心来看资料了。直到进入该项研究的最后几天，她才找了一些同类课题的研究成果，稍稍改编了一下，勉强交了差。谁料，论文发表之后，研究所很快接到了投诉电话，说小冉的文章里大段大段的文字都存在抄袭现象。小冉知道自己犯的错误有多严重，她再也没有颜面留在研究所了，于是自己主动离职了。

想要做出点成绩，却只顾着寻找捷径，没有一份脚踏实地的平淡与从容，显然是不可行的。如今，快节奏的生活容易使人心境失衡，浮躁冒进、急功近利，像小冉这样的女人不在少数，她们少了一份淡定的心境，把自己弄得烦躁不已，心力交瘁，最终还是竹篮打水一场空。她们忘了那句话：非淡泊无以明志，非宁静无以致远。

缓慢沉稳，宁静从容，这是一种气质，一种修养，一种境界。唯有过滤掉浮躁，才可以对生活安之若素。那么，如何才能够克服浮躁，做一个淡定的女人呢?

要做的第一件事，就是正确认识自己。如此，才不会盲目地为自己设置超出能力范围的目标，才会脚踏实地地去做自己能够做的事。当目标确定之后，也不要性急，时刻提醒自己保持平静的心态，一步一个脚印地走，如此便不会有那种心神不宁、无所适从的感觉了。

要做的第二件事，是杜绝眼高手低。女人要自信，但自信不是自以为是。如果少了务实的态度和行动，浮躁狂妄，就会演变成急功近利。

要做的第三件事，是遇到问题不慌乱，善于思考。不够淡定的女人，总是习惯跟着感觉走，遇到问题心浮气躁，慌乱不已，不知道怎么处理的时候，就干脆让问题“处理”自己。其实，万事都有解决的方法，只要摒弃浮躁，踏踏实实去思考问题，一切都能够顺利解决。

要做的第四件事，就是给自己一个安静的空间。人的情绪很大程度上会受环境影响，容易浮躁的女人，最好远离嘈杂的地方。特别是感到心神不宁的时候，更要给自己一个安静的空间，静静地思考，让心沉淀，就可以逐渐让自己变得冷静、沉稳。

女人要谨记：只有慢慢生活，才能宁静以致远。

生命的美妙在于过程

曾经看过某位作者记录的一段生活随笔，感触颇深：

“一次，在超市看到一袋剥好了的又白又饱满的瓜子仁，很是诱人，就买了回来。一路上盯着那袋‘白白的小仁’垂涎三尺，到家后早已是按捺不住，抓了一把就往嘴里送，心想着，这直接吃到嘴里的速度不知比嗑瓜子剥皮要快多少，这种‘不劳而获’的感觉真让人畅快。可是，当满把的瓜子仁在口中被咀嚼时，却怎么也品不出平时一颗颗嗑来的香味。再来一口，还是这种感觉，全然没有了回味的余香，也就没有了再吃的兴趣。一样的瓜子，为什么被“加速”剥出来的吃起来反而不香了呢？

想来，我们平日里嗑瓜子，慢慢地不经意间就嗑出了一种悠闲。边吃边聊，感受的是那个“慢步”的过程。而现在，面对这样已经嗑好了的瓜子仁，省略了最重要的过程，吃到嘴里自然也就没有那个味了。”

人生，不是一桩紧急事故。许多无所谓的事，根本没有必要看得太严肃，更没有必要非得把它当成紧急事故去处理，求得一个结果。可惜，不少女人就是喜欢急急忙忙求得一个结果，似乎只有这样才能求得心安，至于追求幸福的过程是否开心、惬意，她们全然都没有在意。

著名作家史铁生说过：“目的皆是虚无，人生只有一个实在的过程，只有重视了切切实实的过程，生命才能更为厚重，也不至于整天被目的所束缚。”生命的价值与意义在于过程，而不在结果。想想看，每个人最终都要从世界上逝去，对于逝去的人而言，一切的结果都是空虚的。什么荣耀、财富、美丽等，这些曾经被视为“目的”的东西，随着生命的消失都将不复存在，化为乌有。

然而，生活中很多女人正被一个个的目标逼迫着，她们一心只想着赶路，工作繁重、生活紧张，往往是一些事情还没有做完，心里就开始盘算着另一些事了。烦恼、忧虑、枯燥接踵而来，等有一天，她们以为到达了幸福终点站，才发现站牌上赫然写着：最幸福的地方在路上。

有一对父子，每年都会把家里的粮食、蔬菜装在老旧的牛车上，运到附近的镇上去卖。儿子年轻气盛，是个性子急躁的人，父亲则沉稳踏实，总觉得凡事不必着急，慢一点才可以享受到赶路过程中的快乐。

一天清晨，父子俩又赶着旧牛车到镇上去做生意。儿子很着急地赶路，他不停地用棍子催赶拉车的牛，希望它走得快一些。

“慢着点，儿子。”老人依旧像往常那样对儿子说道，“这样你会活得更长久一些。”儿子哪里听得进去，他坚持要走快一些，希望能在傍晚前赶到集市上。

中午的时候，他们走到了一间小旅馆。父亲说，他与旅店的主人是老相识，要进去与他打个招呼。儿子却一脸不乐意，不停地催促父亲赶路，生怕耽误时间。可父亲却坚持要与好久不见的熟人聊一会儿。

离开旅馆之后不久，他们又走到了一个岔道口。儿子觉得左边的路近一点，可父亲却说右边的路风景好，可以边走路边欣赏风景。儿子执拗不过父亲，赶车走了右边的路。一路上，绿油油的草地、漂亮的野花和清澈的河流，让父亲满心喜悦，儿子却对此视而不见。

最后，他们没能在傍晚前赶到集市，只得在一个漂亮的大花园中过夜。父亲睡得很香，刚刚躺下就鼾声四起，儿子却焦虑得失眠了，担心明天早上还赶不到目的地，一整夜也没怎么睡。

第二天早上，父亲又不惜浪费时

淡定 | 寄语

生命就好像坐地铁，我会享受过程，也许本来要到一个站，还没到呢，突然想下车便下车。我乘飞机也总是很开心，即使很长路途，也不急于下飞机，我会沿途欣赏，结局也好，终点也好，反正都不急于知道。

——梁咏琪

间去帮助路边一位农民将陷入沟中的牛车拉出来，而儿子却十分生气，他一直认为父亲对路边的风景比赚钱更感兴趣，但是父亲却对他说："放松些吧，这样你可以活得精彩一些。"

到了下午，他们走到了一座山上。这一次，父亲又让儿子俯视山下城镇里的美景。许久，两人都一言不发。终于，儿子将手搭在父亲的肩膀上说："父亲，我终于明白您的意思了。"

人生旅途中，无论你的脚步有多快，你始终无法赶上正在寻找的东西，它永远在前面。与其辛苦地追赶，不如换一种心情去行走，恬淡一点，安适一点，生命的乐趣不在于奔跑，而在于享受一路上的花花草草、山川河流，享受轻闲时候的一杯清茶，热烈时候的一个拥抱，感受色彩缤纷的生命过程。

我们每个人都在路上，偶尔可以停驻，偶尔可以休憩，可最终还是要继续走下去。谁也无法知道明天会发生什么，下一站出现的风景是什么，结局永远都在努力过后，都在体味其中的酸甜苦辣之后。完美也罢，失望也罢，结局只是一瞬间的事，而最深的那段体验则在路上。做一个淡定行走人生的女人吧！走过生命之旅，不管最后是欢乐还是悲伤，只愿蓦然回首的那一刻可以笑着说，这一生，无怨无悔。

第8章 最长久的拥有是珍惜

——漫漫人生路，把幸福握在手心

人生的路只有一条，
走了就不能再回头，
当我们感觉到某种东西渐渐远离自己的时候，
再怎么竭力地去挽留弥补，
都已经太迟了。
淡定的女人，
要学会珍惜现在所拥有的，
让自己的生活多几分惬意，
少几分带瑕疵的不如意。

错过了的人事，别再去后悔

《西游记》中，历经艰辛的唐僧师徒在取得真经归来的途中，毛手毛脚的八戒将一本经书的最后一页撕掉了一长条，唐僧惋惜不已，此时悟空说了这样一句话："师傅，凡事都不是完美的，有一点缺憾，也是一种美。"唐僧听完，顿时释怀。

神仙也会有缺憾，何况凡俗的我们？世事如云，云起时汹涌澎湃，云落时落寞舒缓。岁月会把失去变为拥有，也会把拥有变为失去。人生一世，遗憾与人一路共生，如影相随。

她与他相爱了四年，可是四年最终变成了"思念"。一场车祸，让他永远地离开了这个世界，离开了她。此后的她，在自己的情感世界里构筑了一道心墙，日日思念已故的他。她总是穿着那件淡绿色的上衣，因为是他送给她的，也是他生前最喜欢的颜色。这件衣服很特别，上面有五颗水晶心形的纽扣，象征着他们的爱情。她看到这些，就好像他从来没有离开一样。

有一天，她回家后发现衣服上的五颗纽扣中少了一粒。她懊恼、自责，怪自己不小心，然后跑遍了周围大大小小的商店，试图买到一颗一模一样的。可惜，商店里都没有。她沮丧地回到家，把自己关在房间里哭了整整一夜，少了一颗纽扣怎么穿呢？心，都不像心了。可是，她怎么也舍不得放弃这件衣服。

一连几天，她都郁郁寡欢。母女连心，妈妈自然猜到了她的心思，于是劝她不如舍弃那剩下的四颗扣子，再买五颗新的扣子换上。她听了母亲的话，真的找到了五颗造型更加独特、也配得上这件衣服的花形扣子。淡绿色的上衣，在这五颗花型扣子的点缀下，显得更加高贵和典雅了。

从这件事上，女孩似乎也明白了什么。终于，在一个阳光明媚的清晨，她醒悟了。而后，她很快便敞开了心门，走进了一个全新的情感世界。

女人心思细腻，时常会把错过的和失去的当成世间最为遗憾的事。殊不知，往事难追，缱绻人生，有时遗憾也是一种美。

淡定｜寄语

我们一步一步走下去，踏踏实实地去走，永不抗拒生命交给我们的重负，才是一个勇者。到了蓦然回首的那一瞬间，生命必然给我们公平的答案和又一次乍喜的心情，那时的山和水，又回复了是山是水，而人生已然走过，是多么美好的一个秋天。

——三毛

一位著名的心理学老师，一次给学生上课时，带来了一只非常漂亮的咖啡杯。当学生们正赞美这只杯子的独特造型时，老师却故意装作失手，打碎了咖啡杯。此时，学生们惋惜不已，还有一些同学试图把破碎的咖啡杯粘起来，结果失败了。心理学老师告诉学生：今后生活中如果发生了不可挽回的事，请记住这一只破碎的咖啡杯。

破碎的咖啡杯，象征着那些无法更改的事实，喻示着那些不可能重复的岁月，然而过去的已经过去，消失的已经不见，后悔真的没有任何意义。况且，光阴似箭，后悔只会白白辜负了明天的大好时光。

世界上，有些美丽是不该错过的，而有些美丽则不得已会错过。人生中的许多际遇都是如此。女人不必一直沉溺于因为错过而失去的遗憾中，与其消弭时光，不如给未来的生活添点光彩。到那时，或许你会惊喜地发现，更美丽的不是错过的那一页，而是翻开的新一页。

淡定的女人，懂得把错过当成一种美丽的邂逅，凭借着自己对未来的憧憬，告诉自己要幸福地前行。在每一个充满思念的日子里，在每一个充满等待的日子里，幸福地过着当下的分分秒秒。在她们心里，错过也是一道美丽的风景，这一次的错过正是下一段幸福的开始。就像卡耐基说的那样，最好是我们得不到我们希望的东西，最好不要让忧虑和悔恨来苦恼我们的生活。且让我们原谅自己，学得豁达一点。这一秒的错过，也许正是下一秒拥有的起点。只有善于舍弃、珍惜眼前的女人，才会欣赏到真正的美景。

有个女探险者，听说有一个地方景色绝佳，于是长途跋涉地去寻找。途中，她经历了千辛万苦，疲惫不堪，却还是不肯放弃心中的希望，虽然她也不知道距离那里还有多远。这时，一位老者为她指了一条岔路，告诉她美丽的地方其实很多，根本没有必要一直沿着一条路走到尽头。女探险者按照老者的说法做了，在那条岔路上，她果然看见了许多异常美丽的景色，甚至都有点流连忘返了。就算没有看到最初听说的那一处景色绝佳的地方，可眼前的美景已经让她觉得十分满足了。

生活就如一场跋涉之旅。可我们的精力有限，视野有限，即便心中想象着要一览无余，可事实上我们真的无法什么都能够欣赏到、尝试到。如果一路上为了那些错过的美景感叹、懊悔，那我们错过的就不只是那些风景，眼前的、未来的那些更美的风景，也会随着固执的思维和后悔的情绪，成为新的遗憾。

有错过，有遗憾，如此的人生才真实。与其哀叹错过的美丽，不如留一份淡定给自己。生活中，正因为错过了一些美丽，才有机会欣赏到更多的风景。

尽管忘记过去、走出错失的美好会是一个痛苦的过程，但女人该清醒地明白一点：谁也无法让时光倒转，错过了就是错过了。若再执迷下去，只是无意义地伤害自己，把现在的一切用于回忆过去、懊悔过去、留恋往日的美好时光，不过是在残忍地扼杀现在的幸福。

要忘记错过的人事，首先就不要再频频回顾过去，试着把自己的精力放在眼前所做的事上，看看身边那些关心自己、爱自己的人，想想自己还拥有的健康、生命、爱与被爱。在汶川地震中，作家李西闽被困在废墟里面76个小时。获救后，他在病床上用一只手创作了《幸存者》，里面有这样一段话："你是一个幸运的生命，你还活着，还可以吃饭，还可以喝水，还可以看到高远的天空和人间景象，还可以和别人握手，还可以感觉到人体的温暖和无声的爱……"

活着，本身就是一种幸福。在漫长的人生道路上，无论过去经历了什么，失去了什么，我们都要时刻珍惜生命，珍惜目前所拥有的一切。只有这样，才能获得一个幸福的人生。

心怀感恩，而不是祈求

感恩，是对生命恩赐的领略，是对生存状态的释然，是对有限生命的珍惜。一个心怀感恩的女人，会对自己所遇到的一切表示感激，而不是拼命祈求更多，她们对世界充满热情，对生活充满希望，这份简单纯净的心境，换来的是从容淡然的活法，以及弥足珍贵的幸福。

一个可怜的小男孩为了赚取学费，挨家挨户地向人推销产品。他饿极了，可兜里却只有一枚硬币。无奈之下，他决定到下一户人家去讨饭吃。可是，当一位可爱的女孩给他开门的时候，他却没有了乞讨的勇气，只是要了一碗水。女孩看出他很饿，又给了他一大杯温热的牛奶。男孩慢慢地把牛奶喝光了，然后问道："我欠你多少钱？"女孩说："你并不欠我的钱。母亲告诉我们，善心不需要回报。"男孩说："那我真的要谢谢你，还有你的母亲。"离开小女孩的家时，他觉得浑身充满了力气。

若干年之后，那位善良的小女孩已经为人妻母，成了一位高贵的妇人。可惜的是，这个善良优雅的女人患了重病。当地的医生面对这种罕见的疾病都束手无策，最后只得将她转移到大城市，召集专家来会诊。霍华德·凯利医生接收了这个病患，尽全力救治她，同时也给予了她特别的关注。经过很长一段时间的努力后，她终于战胜了病魔。然而，在支付医疗费用时，她却发现了一个秘密，账单上写着一行字：一杯牛奶，已经抵消了你的全部费用——霍华德·凯利医生。原来，霍华德·凯利医生，就是曾经"欠"她一大杯牛奶的那个男孩。

滴水之恩，当涌泉相报。把别人一点一滴的恩惠铭记于心，抱着一颗感恩的心去生活，就会成为一个内心充满爱的人，也会为生活注入积极的动力，就像霍华德·凯利医生。

荀子曰："积善成德，而神明自得，圣心备焉。"心灵富足的人必会爱人，因为爱就是给予，爱就是富足，爱就是宽广，爱就是一切。长期辜负别人的付出，其实是自己的损失，因为不表达感激之情，你就很难体会彼此的好意在互动的幸福感，更有可能因而无法再继续得到对方的付出。感恩是一种情感、一种思想，感恩的心可以消融不安与浮躁，让女人以知足的心态去珍惜身边的人、事、物，让自己在平淡麻木的日子里品味生命的甘美与激情。

在一个闹饥荒的城市，一个家庭殷实且心地善良的面包师把附近最穷的几十个孩子聚集到一块儿，然后拿出一个盛有面包的篮子，对他们说："这个篮子里的面包你们一人一个。以后，你们每天都可以来拿一个面包。"

听完这些话，饥饿的孩子们一窝蜂似的涌了上来，他们围着篮子推来挤去，嘴里还大声地叫嚷着，谁都想拿到最大的面包。那些高大的男孩子们拿到了面包后，大口大口地吃了起来，然后就直接离开了，竟然没有一个人向这位好心的面包师说一声谢谢。

面包师发现，就在他们争抢的时候，有一个叫伊娃的小女孩一直谦让地站在一步之外，她不吵不闹，也不着急，而是等其他孩子都拿到面包后，才把剩在篮子里最小的一个面包拿起来。她没有急着离开，而是走到面包师跟前，亲吻了他的手，而后说了一声"谢谢您，先生"才离开。

第二天，面包师又把盛面包的篮子放到了孩子们的面前，其他孩子依旧如昨日一样疯抢着，羞怯、可怜的伊娃只得到一个比头一天还小一半的面包。当她回家以后，妈妈切开面包，突然发现许多崭新、发亮的银币掉了出来。妈妈惊奇地叫道："立即把钱送回去，一定是揉面的时候不小心揉进

淡定 | 寄语

为什么我们总是不懂得珍惜眼前人？在未来预知的重逢里，我们以为总会重逢，总有缘再会，总以为有机会说一声对不起，却从没有想过每一次挥手道别都可能是诀别，每一声叹息，都可能是人间最后的一声叹息。

——张小娴

去的。赶快去，伊娃，赶快去！”

当伊娃把妈妈的话告诉面包师的时候，面包师面露慈爱地说：“不，我的孩子，这没有错。是我把银币放进小面包里的，我要奖励你。愿你永远保持现在这样一颗平安、感恩的心。回家去吧，告诉你妈妈这些钱是你的了。”她激动地跑回了家，告诉了妈妈这个令人兴奋的消息，这是她的感恩之心得到的回报。

没有谁有义务来帮助你，没有谁有义务给你任何东西，无论是我们最亲近的人，还是萍水相逢的陌生人，给予了你便是一种恩惠，漠视这种恩惠、看不起这种恩惠的女人，最终只会连这一点帮助都失去。唯有保持一颗感恩的心，才能在生活的考验中悟出幸福的真谛。

筱米是个城里的女孩，家境优越，从小养成了一副“大小姐”的脾气。可是，人生无常，谁也没想到，她经商多年的父亲竟然会一夜之间破产。这一沉重的打击，让筱米的父亲卧床不起，住进了医院，而家里的房子、车子都抵了债，过去的荣华富贵彻底与他们告别了。

筱米大学毕业后，父亲的一位朋友出于好心，安排筱米到公司做了一名经理助理。这个职位，是个热门的应聘岗位，按照正常的面试程序，至少要经过三次筛选才能够定下人选，工资每个月有六千元，外加各种补助，加起来也有七八千了。不过，做惯了大小姐的筱米并不在意，她还是那副娇纵的脾气，工作出现纰漏不反省，还跟同事、上司大吵。不仅如此，她在背后对父亲的朋友很不满，埋怨对方给自己安排了这么一份不好做的破差事。

时间长了，公司里的人对筱米议论纷纷，而她的种种表现和对上司不敬的言行，也传到了董事长耳朵里。没过多久，她就收到了人事部的解雇信。

人们常说世态炎凉，人一倒霉，许多曾经围绕身边的人都会选择躲开。其实，父亲的朋友给筱米介绍一份工作，应该算得上是雪中送炭了，可筱米却不但不感恩，反而还对对方有诸多怨言。看到筱米的种种行为，人们不禁为她感到悲哀。不管那份工作相对于过去的生活而言有多么“微不足道”，至少它给予了你现在生活下去的支持，给了你以展示自身价值的舞台。况且，这一份工作也并非真的那么“卑微”，对于普通人来说，它是一份相当不错的职业，甚至是许多刚毕业的大学生梦寐以求的岗位。只不过，筱米不懂感恩，她用一颗漠视别人付出的心对待生活，最终自然也将被生活所漠视。

人生不如意的事太多，想要从不快乐中感受到美好，就要换一种乐观的思维看问题。除了发现和搜集美好，还要记得别让无谓的忧虑吞噬你的感激之心。烦恼的东西总是预想的多，出现的少，很多女人不懂得感恩，就是因为陷入了烦恼所设的陷阱里。把烦恼的虚假迷雾拨开，你就会发现周围的一切都是那么阳光明媚。

所以，从现在开始，抚平心底被岁月挤出的皱纹吧！幸福就像一张银行卡，只有用感恩之心去收集小小的幸福和可爱，存入自己的人生存折，才能够成为一个幸福的“富有”女人。

世上之事总不能圆满

佛家有云："婆娑世界，万事都有缺陷，谁也无法达到圆满。"

乾陵有一块"无字碑"，也称丰碑，是为女皇武则天立下的一块巨型无字石碑。武则天辉煌一时，临终前在经历了退位风波后，已经预见到身后将不可避免地面临毁誉之词。所以，她临终留下遗言立此"无字碑"，意在功过是非任由后人评说。她以往得到万千宠爱，呼风唤雨，是中国历史上唯一的女皇帝。然而，走到人生的最后，她终于不得不承认：世间最难是圆满，千古笑骂由后人。

人有悲欢离合，月有阴晴圆缺，凡事都不可能一帆风顺、完美圆满。然而，对于这样的现实，很多女人不免感到有些失落，总觉得某件事、某个人若能够再完美一点，自己也会感到更幸福。殊不知，有时完美并不一定代表幸福，相反，它可能是可怕的。苏东坡希望达成这样一种圆满：鲈鱼无骨海棠香，而现实中却是：鲈鱼味美却多刺，海棠花艳却无香。世界往往因为不圆满才和谐，人生因为缺憾才真实。刻意追求圆满，反而容易被其所累，会掉进"圆满的陷阱"。

胡汀尼是一位身负绝技的魔术逃生大师，他可以在很短的时间内解开结构特别复杂的锁，而且屡试不爽。为此，他还曾经向人挑战说："我可以在60分钟之内打开任何一把锁。"这句"不自谦"的话，传到了一个小镇上，充满智慧的小镇居民们决定给胡汀尼一点苦头尝尝。

很快，小镇的人们铸造了一座非常坚固的铁笼子，还配上了一把超级铁锁。单单从外表上看去，就觉得它复杂极了。胡汀尼接受了这个挑战，他自信满满地走到铁笼子前，开始施展自己的独门绝技。他的工作手法看起来让人觉得眼花缭乱，时间一分一秒过去了，30分钟，40分钟，50分钟……胡汀尼满头大汗，可就是没有听到自己所希望听到的“啪”的一声响动。他非常焦急，可仍旧不死心，直到60分钟过去了，那把锁依然没有被打开。胡汀尼绝望了，他打算放弃了，于是疲惫地靠在铁栏门上休息，这时，他突然听到“吱”的一声，铁门竟然被打开了。

原来，铁门根本就没有上锁，所谓的超级大锁不过是骗人的摆设罢了。没有锁上，又谈什么打开呢？如果不是胡汀尼追求60分钟开锁的完美，他也不会心无旁骛地执着于开锁而忽略了别的细节。他之所以失败，只因被“圆满”锁住了心罢了。

从这个故事中，女人应该明白一个道理：太执着于完美的人，即使在一时达到暂时完美的状态，但必将在长远上因小失大。任何人生都有缺陷，任何人都无法得到绝对的完美，但却可以从缺憾中领略完美。

维纳斯失去了双臂，却给人留下了美的想象空间；戴安娜的早逝令人叹息，但却给世人留下了永葆青春美貌的印象，顺遂了“自古美人如名将，不许人间见白头”之说。意大利人在建好比萨塔后，发现它在逐渐倾斜。当时，不管从哪个角度仔细审视，均属于建筑技术上的一抹败笔。那时候，也有人曾经强烈呼吁要马上将它拆除掉，而在意大利人的内心深处，却早已默默接纳了这座形状有问题的建筑物。数百年时间过去了，比萨塔成为了这个国家最著名的建筑，这也是人们之前无法预料到的。

要永远快乐，只有向缺憾里去寻找。唯有感到人生有缺憾时，才能体验到人生五味，从而真正拥有完整的人生。

淡定 | 寄语

婚姻的艺术在于：不要期望丈夫是戴着光环的神，妻子是飞翔的天使；不要求对方十全十美，而要培养韧性、耐性、理解和幽默感。

——W．A彼得森

二十世纪八十年代，模特公司的经纪人安德森想要把一位正在读大学的女生介绍给经纪公司，结果却一次次遭到拒绝，他们觉得安德森在“开玩笑”。那个女生来自美国伊利诺斯州的一个蓝领家庭，她浑身上下都是廉价的衣服，不拘小节，唇边还长着一颗触目惊心的大黑痣。她不懂时装，也不会化妆，与她谈论时尚话题，简直像对牛弹琴。每年夏天，她都会跟着朋友们一同到玉米地里剥玉米穗，赚取来年的学费。

有人说她粗野，有人说她恶俗，归根结底，还是唇边的那颗大黑痣。不管别人怎么说，安德森是下定了决心，一定要把这个女生和她的黑痣捆绑着推销出去。他给女生做了一张合成照片，小心翼翼地把大黑痣隐藏在阴影里，然后拿着这张照片给客户看，果然客户非常满意，马上提出要与真人见面。可真人一来，客户就发现“上当了”，当即指着女生的黑痣说：“你把这颗痣拿下来吧！”激光除痣其实很简单，无痛且省时，可那个女生态度坚决地说：“对不起，我就是不拿。”

安德森支持女孩的决定，而且他有一种奇怪的预感，将来若是女孩出名了，全世界都会靠这颗痣来识别她。后来的经历，简直就像好莱坞电影，这个女生在几年以后红极一时，日收入2万美元，成了天后级的人物。她的长相被誉为“超凡入圣”，她的嘴唇被称为芳唇，芳唇边赫然入目的那颗曾被人极度排斥的黑痣，竟然被视为性感和桀骜不驯的象征。

她，就是名模辛迪·克劳馥。

如果把辛迪·克劳馥的经历，放在我们自己身上，有多少女人可以做到像她一样，欣赏着自己的“缺憾”，不为它懊恼、不为它改变，淡定而坦然地接纳？其实，她的经历也提醒着世间女人，圆满都是相对的，若是理解了这一点，那么无论是生命的波折、自身的缺憾还是情爱的变迁，都可以云淡风轻泰然处之了。

美，多存在于缺憾之中。前人将“酒饮微醉，花看半开”视为佳境是有道理的，酩酊大醉，便会失去饮酒乐趣；而花开姹紫嫣红，则是凋萎的前夜。生活常常不圆满，最辉煌的人生，也有阴影陪衬。正是因为有了缺憾，才有了追求圆满的心；只有在鲜花凋谢的缺憾里，才会更加珍视花朵盛开时的温馨美丽；只有在人生苦短的愁绪中，才会更加热爱生命拥抱真情；也只有在泥泞的人生路上，才能留下我们生命的坎坷足迹。

幸福要懂得一个“淡”字

相传，乾隆皇帝下江南的时候，曾遇到一位金山寺的高僧。他问高僧：“长江中的船每天都来来往往，甚是繁华，一天到底要经过多少条船啊？”高僧的回答很简单：“这里只有两条船。”乾隆连忙问道：“怎么会只有两条船呢？”高僧答：“一条为名，一条为利，整个江中来往的无非就是这两条船。”乾隆又问道：“为什么这么多人都在为名利而奔波？”高僧答曰：“人活一世，无论贫穷贵贱，穷达顺逆，都是活在真空中，从不听从于内心的声音。他们一味地想着生存，却都离不开名利二字。”

世间在意名利、爱慕虚荣的女人，犹如江上那来来往往的船，每天奔波着、忙碌着。她们热爱名利带来的物质享受，以及表面上的风光，却把最沉重的压力给了自己，把最美好的幸福做了交易。就像萨克雷《名利场》中的女主人公丽蓓卡·夏普，她的一生都在不断追求着名利，可到了最后，她的一切心机都全部白费了。作者在结尾处以伤感而又无奈的语气说道：“唉，浮名虚利，一切虚空，我们这些人谁又是真正快活地活着的？谁又是称心如意地活着的？就算当时遂了自己的心愿，以后还不是照样不知足？”

对于广阔的世界来说，每个人都是一个来去匆匆的过客。名利，都是过眼云烟，生不带来死不带去，与其一生为其所累，倒不如让自己活得实实在在、快快乐乐，用一颗淡泊的心来看待它，将一切看得淡一点，再淡一点。

一位德高望重的禅师感觉自己将不久于人世。这个消息从寺里传出后，许多人从四面八方赶来，就连朝廷也急忙派人赶来看望他。

禅师看着满院的僧众，脸上洋溢着莲花一般的微笑。他说：“我在世间枉自沾了一点闲名。如今，躯壳即将散坏，闲名也到了该去除的时候了。你们之中，有谁能够替我除去闲名？

殿前一片寂静，众人面面相觑，不知道该怎么回答。

就在这时，一个小沙弥走到禅师面前，恭敬地施礼后，大声说："请问和尚法号是什么？"话音刚落，所有人都把目光投向了小沙弥，起初是惊奇，而后是愤怒。有人斥责小沙弥对禅师不敬，目无尊长，也有人埋怨小沙弥无知。

淡定 | 寄语

尽自己的力，能过什么样的生活就过什么样的生活，能得多少就得多少，不应该得到的，不执着一定要拥有，顺应所处的环境，生活就会快乐一些。

——圣严法师

禅师听后大声笑道："好！现在，我已经没有闲名了。还是你聪明呀！"随后，禅师便双手合十，闭目而坐，微笑着圆寂了。小沙弥伏地而拜，泪流满面。周围的人连忙围住小沙弥，责问他："真是太过分了！连洞山禅师的法号都不知道，你在这里胡闹什么？"

小沙弥看着眼前的僧众，含着眼泪无奈地说："他是我的师父，我怎能不知他的法号？我这么做，是想达成师父的心愿，除去他的闲名。"

身处五光十色的社会，面对各种各样的诱惑，很多人也希望能够像洞山禅师那般，两袖清风，淡名薄利。可惜，往往都是嘴上说要淡定，不求名利，可内心还是"看得破，忍不过，想得透，做不来"。

女人想要活得轻松，就该有一颗淡泊的心，平静地对待生活，对待身边的人和事。在鲜花掌声中不忘形，在冷嘲热讽中淡定自若；得意不张扬，失意不忧伤。唯有这样，才能够在漫漫长路上让幸福感持续得更久。

有个妇人终日烦恼，患得患失，什么事情都不想做。于是，她就去寻求可以解烦恼的秘方。

一天，她走到一片绿油油的草场，那里有个牧羊人骑在马背上吹笛子，悠扬的笛声，任谁听了都觉得无比舒畅。于是，她问牧羊人："你怎么可以过得如此快乐？难道你就没有烦恼吗？"

牧羊人说：“我每天骑骑马，吹吹笛子，看着一望无际的草原，什么烦恼都没了。”

妇人听后，也照做了。可是没什么效果。于是，她认为牧羊人在骗她，又去继续寻求。

不久，她又来到一座庙宇，看到一位禅师在修行，面带微笑，看起来像是个充满智慧的人。妇人向禅师说明自己的来意，倾诉烦恼。

禅师说：“你想要寻求解脱吗？”

妇人答：“是的，我每天都生活在烦恼中，一点都不幸福。”

禅师又问：“有人把你捆住了吗？”

妇人说：“没有。”

禅师笑道：“既然如此，何谈解脱呢？”

曾在一本书中看到：“一个安详的人，他没有怀疑，没有嫉妒，没有牢骚，没有抱怨，没有恐惧。所以他是生活在满足中的人，他的人生是享受的人生。”

有了淡泊名利的心，就会发现，快乐其实就在生命中不为人注意的某个瞬间、某个角落。只是，许多女人常常像故事中寻求解脱的那位妇人一样，执迷不悟，太过计较生活中的一切，为虚荣所诱，为权势所惑，为财富所动，为浮华所沉沦，少了一颗淡泊名利的心。而在禅师眼里，看穿了功名利禄，看透了胜败输赢，看破了荣辱得失，所以可以事事无碍、处处自在地活着。

人生苦短，岁月易老。如果内心的欲望太多，什么都想得到，什么都不肯释怀，生命必将沉重。与其如此，不如追求一种淡泊，看到别人的荣华不羡慕，看到别人的富贵不嫉妒，珍惜自己拥有的一切；在精神上摆脱物欲纠缠，学会淡定地欣赏他人的荣耀、美丽和成就。把匆匆过往的人生视为一次旅途，把所有的输赢成败都视为旅途中的风光，坦然面对生活对自己的赋予，就可以活得轻松活得精彩，活得有滋有味。

欲望使你陷入无底的深渊，淡泊却可以让你拥有一个充实、坦然、意蕴深厚的人生。甘于淡泊，以超然的心态把握人生，就超越了世俗凡境，在悠然惬意的心情中，感受大自然的美丽，品尝多姿多彩的人生风景。当一个女人在生活中懂得了一个“淡”字，人生的无限风光与幸福就尽在其中了。

珍惜生命中的每一段缘分

在人生旅程中，或惊鸿一瞥，或匆匆而别，或相遇相知，或相携相伴，遇见谁都是一次美丽的意外。正如古人所说："缘，源自圆，乃命中注定，即缘分。"在这条单行道的旅行中，女人该学会珍惜路上每一个与自己同行的有缘人。因为，珍惜也是一种爱的能力，一种淡定的活法。

男孩和女孩是校友。一天，男孩向女孩告白说喜欢她。女孩仗着自己年轻漂亮，是学校的才女，根本不把男孩放在眼里。面对男孩热烈如火的爱情告白，她很不屑地说："哼，你这样一位毫不起眼的男生凭什么追求我？"

男孩听后并不伤心，反倒非常认真地说："凭爱，爱有公平的权利！"女孩听了这句话怔住了，看了男孩好半天，然后漫不经心地甩下一句："那你就耐心地在后面排队吧！"

元旦时学校组织舞会，学校里的白马王子枫深情地向女孩表白："我爱你，我想让你伴我一辈子！"枫出自名门，既聪明又帅气，女孩被折服了，幸福地任她的王子紧紧拥抱，心甘情愿地被枫牵着手走了。偶然间，女孩在不经意地回眸中看到了那个先前追求她的男孩，男孩看着她离去的背影，然后默默地走开了。

枫毕业后去了国外，留下的是女孩对枫无尽的缠绵相思。就在女孩痴痴等着远方的枫时，男孩仍然执着地爱着她。他问她："现在，我在你心中排名第几？"女孩被男孩的爱感动了，于是决定嫁给他。

"现在请新人交换戒指！"证婚人拿着话筒中规中矩地主持男孩和女孩的婚礼。就在这时，女孩突然惊慌失措地跑开了。感动并不能代表爱情，女孩觉得自己不能因为感动和一个不爱的人结婚，于是选择了离开。她在信中写道："给我三年的时间。”

以后的几年中，女孩依旧活在对枫的思念里。在最后的一年，女孩也试着和另一个男孩谈恋爱，有一天这个男孩喝醉酒居然打了她，女孩非常委屈，她想起了那个曾经苦苦追求自己的男孩，她知道自己应该嫁给谁了。于是，她朝着车站冲去。一路上她不停地对自己说，“我要站在他的面前，大声地告诉他：我爱你。”女孩心想男孩看到自己时一定会很惊讶，一定笑得无比开心。

男孩开门的时候，女孩看到他的身后站着一个漂亮、清纯的女孩。男孩说：“这是我女朋友，她来为我过生日。”女孩大脑瞬间变得一片空白，淡淡地说：“我出差路过这里，来看看你……”

男孩送女孩走时，他说：“我已经等了你十年了，你始终没有给过我确定的答案，也始终没有记住过我的生日，我不想再等下去了，我现在的女朋友很好，和她在一起我很幸福，祝你幸福。”

女孩背过身，眼泪忍不住掉了下来。她执着于对枫的感情，把自己困住不能自拔，不懂得珍惜男孩的这一份真情，从而让自己错过了这么好一个男人。

故事是生活的缩影。我们身边有很多与之相似的女人，苦苦追寻自己得不到或者已经失去的爱情，忽略了身边真正爱自己的人。当昨日的幸福、放纵的痛楚在内心的坚忍中淡化成一道痕迹，才会恍然大悟：原本最值得珍惜的爱就在身边。

经历百年风雨的冰心老人，这样概括了人生誓言：“爱在左，同情在右，走在生命的两旁，随时撒种，随时开花，将这一径长途，点缀得花香弥漫，使穿杖拂叶的行人，踏着荆棘，不觉得痛苦，有泪可落，却不悲凉。”

珍惜生命中的每一段缘分，用一颗充满爱与同情的心重新打量这个世界，更多的阳光便会照进生活。有时候，珍惜可以是一

淡定 | 寄语

不是所有的人都能知道时光的涵义，不是所有的人都懂得珍惜；这世间并没有分离与衰老的命运，只有肯爱与不肯去爱的心。

——席慕容

句话、一个眼神，它们看似微不足道，却可以奇迹般地延伸生命的宽度，让生命充满快乐与希望。懂得珍惜的女人，总是努力给别人快乐。哪怕再忙，也会对父母尽一份孝心，努力营造更加和谐的家庭氛围；在平常的日子里，给朋友一句问候，搭建更加坚固的友谊之桥；偶尔与陌生人相遇，也会报之以微笑，让对方的心情因此而更加明媚。幸福的女人，懂得设身处地为别人着想，怀着一颗充满爱的心，不会让追求的目标仅仅停留在自我享乐，而是让自己的快乐在慰藉他人疾苦之后得以延续。

在这里，想为所有女人讲述一位心灵大师的故事：

在美国感恩节这一天，当家家户户都在张灯结彩、围炉夜话的时候，一对中年夫妇因为生活窘迫，日子实在过得太拮据而大吵起来，这让站在一旁的小儿子感到孤独与无助。

小男孩依靠在门边，望着远处灯火辉煌的繁华都市，突然，门响了。一位满面笑容的女人出现在男孩面前，只见她手里提着一个大篮子，里面装满了各种各样过节的食物。

“请问你找谁？”小男孩怯怯地问。

“这份东西是别人让我送来的，他希望你们知道还有人在关怀和爱着你们。”说完，放下篮子，女人笑笑便转身离去了。

小男孩怔怔地站在那里，望着女人的背影，心中充满了无限的感动和温暖，他暗暗发誓：长大后也要以同样的方式去帮助有需要的人。

一转眼，男孩18岁了，终于可以找工作挣钱养活自己了。虽然他每月的工资少得可怜，但对于一向清苦的男孩来讲，这已经足以让他高兴不已了。

这一年的感恩节，男孩没有忘记小时候的那一幕。他用自己工作以来所赚的钱的2/3买了不少好吃的，装作一个送货员，敲响了他们镇上最穷的一个家庭的门。

当他走进那个破落的房子时，前来开门的女主人惶惶不安地看着他。男孩嘴角一扬，对女主人说：“我是受人之托来送货的，请你收下这些东西吧。”

那妇女看着眼前这么多的东西，一时间高兴得竟语无伦次：“你，你，你是上帝派来的使者吧？”

男孩忙说：“不，不，是一个朋友托我送的，祝你们快乐！”说完，他把一张字条交到了女主人手里。字条上写着：“我是你们的一个朋友，愿你们能过一个快乐的节日。也希望日后你们有能力时，把同样的礼物送给其他需要帮助的人。”

就这样，男孩心里一直装满了爱，他怀着一个美好的心愿奋斗着，生活着，终于成为影响了许多美国人心灵的大师。他的名字叫罗宾。

罗宾用这种独特的方式诠释了儿时那段美好的记忆，把自己的爱一次又一次送给需要帮助的人。他的善良感动了一个又一个穷困的家庭，也深深打动了处于无助境地的人们。他可以是家财万贯的富翁，也可以是捧着藏钱罐的小男孩，当他们伸出自己的双手，把爱心放飞，他们都是富有的人。

从罗宾的经历中，女人该明白一点：人在社会中，不仅仅是为索取而活，更要为贡献而生。燃烧自己手中小小的火把，用来传递爱心，将会创造出一个温暖而明亮的天堂。博大的爱，能够让我们放下负担，释然地去迎接生命中的每一个春夏秋冬。

当非洲饥民伸出枯槁的双手，你是否扪心自问：我珍惜粮食了吗？当曾经的不安定因素一次又一次敲响警钟，你是否会意识到，现在的和谐是多么不易？当海啸夺走无数年轻生命的时候，你是否又会反思：我珍惜生命了吗？一次次泪光的闪动与洗礼，一遍遍灵魂的升华和涤荡；生命中缺少了爱与同情，那将会是怎样干枯的河床？如果说世界是一面镜子，我们付出了爱，反射的就是温暖的阳光。心中充满爱和温暖，走在多泥泞的路上都不会孤单。

亲情如歌，享受每一个音符

泰戈尔在《鱼和飞鸟的故事》中有一段经典的话："世界上最遥远的距离/不是生与死的距离/而是/我就站在你的面前/你却不知道我爱你/世界上最遥远的距离/不是我就站在你的面前/你却不知道我爱你/而是/明明知道彼此相爱/却不能在一起……世界上最遥远的距离/是对心爱的人掘了一条无法跨越的沟渠……"

一天，在一间手术室外面，妈妈告诉女儿，世界上最锥心刺骨的三个字，不是曾经的"我爱你"，也不是过往的"在一起"，而是此时的要是"早知道"。

在妈妈还像女儿一样年轻时，事业小成和幸福家庭的稳定和美，让她逐渐淡忘了童年时那些不快的记忆：从小生活在单亲家庭，5岁时父母离异，从此她和母亲相依为命。母亲对她的惦念从离家上学住校开始，一直到上班外出工作，每天都要好几个电话叮咛："多吃点饭，别光想着减肥""天冷了，多穿点衣服"。后来，她结婚成家，有了自己的房子，自己的爱人，自己的孩子，但每周还是不忘记回家看看母亲。

"那天，从你外婆家出来，我都下了楼，还听见背后窗户里传来'明天有雨，记着出门带把伞，开车慢点'的呼声，我连头都没回，不耐烦地摆摆手'晓得啦晓得啦'……可谁知那竟是我和你外婆说的最后一句话……我要是早知道第二天你外婆会突发心肌梗塞，会就那样永远地离开，我怎么也不会那么对她啊……"

妈妈讲到这里已泣不成声，女儿一下搂住了她，递上了一张纸巾，哽咽地说："妈，你别想太多，爸爸会没事的。"说着，女儿不禁朝着手术室的方向望了一眼。"妮妮，我要是早知道你爸爸会得这病，我昨天怎么也不会和他吵架的……”

顿了顿，妈妈平复了些许心情，转而一脸认真的表情拉着女儿的手说：“妮妮，妈妈是想跟你说，平时你总是觉得爸爸古板，总是在你面前摆出一副严肃的样子，其实他心里真的很疼你！他总是猜着这周你能不能回家，想给你打电话问问你却放不下面子，自己提前准备了一大堆你最爱吃的东西，可就是总也盼不回你。妮妮，答应妈妈，你以后工作再忙，每周末也要回家来看看，别像妈妈这样，等很多事情都已经发生了，甚至无法弥补时，才在心里悔恨要是‘早知道’……”坐在旁边的女儿早已泪眼婆娑，她拉着妈妈的手，一个劲儿地点头。

作家刘墉曾经说过一段令人深思的话：“学生时代我们总认为是父母养活自己的时候；上班工作时，又想等结婚生子后再孝敬父母；成家立业后有了自己的家庭负担，又顾及不到父母了。当你回头想孝敬、感激的时候，自己都年老了，父母可能都离你远去了。这时才觉得后悔，后悔没早珍惜。”

那句“树欲静而风不止，子欲养而亲不待”的古语寸断了多少肝肠，奔涌了多少泪水。然而，一切枉然。人生能有几回孝？不要在孝顺之前附加一些条件，等我大学毕业，等我赚了钱，等我成家后……如果等到一切尘埃落定时再去好好孝敬父母，也许他们早已老态龙钟，想游名山大川，走不动了；想尝山珍海味，牙齿已经掉光。甚至，父母就在不经意间悄然离去。那时纵有千言万语、千呼万唤，他们还能听得见吗？任泪如泉涌、肝肠寸断，他们还能感觉到吗？

有一个小男孩从小就与母亲相依为命，生活颇为艰辛。小男孩总觉得自己的生活了无生趣，整日唉声叹气、郁郁寡欢，还不停地埋怨母亲。母亲不但默默承受着儿子的指责，还要照顾儿子的衣食住行。

几年过去了，小男孩长大了，听说远方山上有位得道高僧，便想前往讨教脱离苦海、快乐成佛之道。他一路跋山涉水、历尽艰辛，终于在山上找到了那位高僧，虔诚地向高僧说明自己的来意。

淡定 | 寄语

一些事情，当我们年轻的时候，无法懂得。当我们懂得的时候，已不再年轻。世上有些东西可以弥补，有些东西永无弥补。

——毕淑敏

高僧没有直接拒绝，只对男孩说道：“看你如此虔诚，我可以给你指条道。你即刻下山朝着家一直走去，但凡遇有赤脚为你开门的人，这个人就是你的佛。从此，你只要悉心侍奉，拜他为师，那么快乐成佛就是非常简单的事情了！”

男孩听了高僧的“真传”，欣喜若狂，谢过高僧后立即下山了。

第一天，他投宿在一户农家，一进门他便盯着男主人的脚看，只见一双布鞋穿在脚上。第二天，男孩又投宿在一富商家，还是没有人赤脚为他开门。就这样，男孩一路走来投宿无数，就是没有遇到高僧所说的赤脚开门人。

男孩越来越沮丧，渐渐对高僧的话也产生了怀疑。快到家时，他已经彻底失望了。傍晚时分，他低头耷脑地往家走去。到家时已是午夜时分，疲惫至极的他费力地叩响了门环。

屋内传来母亲苍老惊悸的声音：“谁呀？”

“是我，妈妈。”男孩沮丧地回答。

门一下就开了。男孩刚要往院子里走，猛一低头蓦地发现母亲竟然赤脚站在冰凉的地上！原来，母亲一直在等着儿子回家，听到儿子敲门的声音一下就跑了出来，连鞋子都没有顾上穿。

刹那间，男孩想起高僧的话，突然什么都明白了。母亲为自己吃了那么多苦受了那么多累，给自己那么多的爱，而他却还要去寻找佛！男孩一时愧赧无比，泪流满面，“扑通”一声跪在母亲面前。

惜福，就是把握住此时此刻你正在拥有的人，做你可以去做的事，并不是所有的事和所有的人都能等得起。张爱玲说：出名要趁早。其实，珍惜又何尝不要趁早？因为在这个世界上有一种痛是无法弥补的，等到醒悟时，一切都已面目全非——那就是岁月不饶人的痛。对于亲人来说，并不一定是物质上的极大给予才是幸福，时常能够聚在一起，坐下来聊聊天，说说最近的情况，共同做一点家务，就是无比的幸福，因为亲人之间更需要的是精神上的沟通。

正如《常回家看看》里唱的那样：“找点空闲，找点时间，领着孩子，常回家看看。带上笑容，带上祝愿，陪同爱人，常回家看看。妈妈准备了一些唠叨，爸爸张罗了一桌好饭。生活的烦恼跟妈妈说说，工作的事情向爸爸谈谈……老人不图儿女为家做多大贡献，一辈子总操心就奔个平平安安。”

珍惜与家人在一起的每一分每一秒，享受亲情的关爱和温暖。在有生之年，尽可能给爱你和你爱的人爱与关怀。这样，不管走到哪里，我们心中始终有一首歌，弹奏着对亲人爱的美妙旋律。

把每天都当作生命中的最后一天

禅语有云："人生难得今已得，佛法难闻今已闻，此生不向今生度，更待何生度此生。"当一切都还美好地存在着时，人应该懂得把握生命，珍惜拥有的一切；若是等到生命终结的钟声已响才来补救，那就无济于事了。

海伦·凯勒是美国的盲聋女作家，她对于生命的珍惜态度，令人动容。她曾说过："如果上帝能给我三天光明，我会把每一天当作生命的最后一天来过。"可回归到我们的生活中，却看到太多女人感受不到"每一天"的重要性，白白地让时间不经意地溜走了，或是在短暂的人生中用烦恼、忧愁、攀比等无谓的东西虚度光阴，直到临近生命的结束，才后悔莫及，想要再重新感受一下生命的璀璨，却只看到燃烧后的灰烬。

曾经看过一则教人珍惜生命的寓言故事：

深夜的危重病房里，一位癌症患者与死神相遇，这是他生命中的最后一刻。

他向死神恳求："能不能再给我一分钟？我想再看看外面的天和地，想一想我的亲人、朋友和敌人，想听听树叶从树枝上飞落到地面的那一声响……"

死神说："你的想法不错。可惜，我不能答应你。因为这一切，我曾经留给了你足够的时间去欣赏，只是你没有珍惜。我这里有一份你的生命账单：六十年的生命中，有三十年在睡觉，这不能怪你，这三十年就当是我占了你的便宜。余下的三十年里，你曾经有一万次叹息时间过得太慢，你想出了各种消磨时间的办法——

打麻将，以每天2小时计，你一共花费了6500个小时，折合成分钟是39万分钟；

喝酒，每次以1小时计，实际上不止这个数，你喝酒花费的时间不低于打麻将的时间；

应酬，上班之前与同事闲聊，拿着报纸吐烟圈，说人坏话，这些时间也差不多有40万分钟。

除了这些，你还无数次叹息生命很无聊、很空虚，你强拉邻居、朋友、同事打牌，甚至抱着小孙子打电子游戏。你参加了无数有较强催眠作用的会，这让你的睡眠时间远远超过了三十年。而且，你还主持了许多类似的会，让更多人的睡眠和你一样超标，还有……

还没等死神念完，癌症患者的生命之火已经永远熄灭了。

看完这个故事，想必很多女人会重新审视自己的生命。生命如同一张小小的磁卡，记录着我们消耗的时间，还有剩余的有限时光。当生命倒着计时，看着那年年减少的数字，女人该记得提醒自己——来日不多，该做的事情得赶紧去做。把自己的精力用来更多地关注眼下的时光与日子，将日子分成一小段一小段，让每一小段都不虚度，这样将来才不会后悔。

生命倒计时，是一个有必要的提醒，它会让女人更加懂得如何利用有限的时光。假如，当我们得知自己的生命只剩下短短几年、几个月甚至几天时，有谁还会为鸡毛蒜皮的小事纠缠不清？有谁还会舍得把精力用在无谓的流言蜚语上？如此宝贵的时光，只会用在最重要的事情上。因而，当到达预定的终点时，才不会带着太多遗憾离开。唯有学会把每一天当成最后一天来过，才会珍惜生命中的分分秒秒，才会善待自己和身边的每个人，才会时时刻刻感受活着的幸福。

淡定 | 寄语

有时我想，要是人们把活着的每一天都看作是生命的最后一天该有多好啊！这就更能显出生命的价值。

——海伦·凯勒

一对夫妻，结婚二十年，妻子因病去世。先生在整理太太遗物时，发现了一条丝质围巾，那是他们结婚十周年去纽约旅游时，在一家名牌店买的。围巾很漂亮，太太一直不舍得用，就连价格签还挂在上面。她总说：“我想等一个特别的日子再戴上它。”可惜，她再也没有机会等到那个特别的日子了。男人拿着围巾，想起了妻子，自顾自地感叹道："如果你还在，我一定会告诉你，不要再把好东西留到特别的日子用了。活着的每一天，都是最值得珍惜的特别的日子。"

生命中的每一天、每一个当下都是独一无二的，它不是过去的延续，也不是未来的承接。生命，就是用有数的"每一天"串联起来的。所以，不要再把美丽的餐具放在酒柜里，想等到特别的日子再用，你会发现那一天从未到来；不要再把心愿藏在心里，想等到合适的时候再实现，你会发现那一天越等越遥远。你生活的"现在"就是"最特别的日子""最合适的日子"，不要再去蹉跎岁月，更不要浪费眼前的大好时光，世事无常，我们永远不知道明天会怎样。

所以，要好好珍惜现在，吃饭的时候全然地吃饭；玩乐的时候全然地玩乐；爱上对方的时候要全然地去爱。不要去思虑太多，不要计较过去，更不要算计未来。要珍惜我们现在所拥有的一切：亲情、爱情、友情……不要等秋天过了再感叹春天的绿色，在冬天的时候渴望夏季的温暖。别为发生过的悔恨，也别为没有发生的纠结，逝者不可追，来者犹可待，当下的时光是生命中最为珍贵的时光。

《我叫金三顺》中，有这样一段感人至深的情节：三顺抱着大包小包买的东西，在公车站看到一段广告词，就站在那里，他流下了眼泪。广告词是这样写的——去爱吧，像从来没有受过伤一样；跳舞吧，像没有人欣赏一样；唱歌吧，像没有任何人聆听一样；工作吧，像不需要钱一样；生活吧，像今天是末日一样。每天早上睁开眼睛时，你都要告诉自己，这是特别的一天，每一分钟、每一秒钟都是那么可贵！

活得简单一点，活得幸福一点

生命中的幸福是发自内心的一种喜悦感，一种淡淡的、简单的美好感受，有生理的满足，物质的享乐，人情的温暖和对自身价值的肯定，它们都是构成幸福感的元素。一位淡定的母亲曾经给她的女儿写过一封信，其中有段这样的话：

"简约是一种理智的生活态度，是一种豁达的人生情怀。因为简单的人能够摆脱世俗的限制，而回归人性的真实。懂得有所约束的人，能够在阅尽纷繁后自我沉淀，得到独属于他的人生。要记住，简约是一种难得的清醒，它尝试着为心灵减负，享受着生活的乐趣；简约也是一种淡泊明志的修行，它不为名扰，不为物忧。而简约的生活是不受羁绊的，始终循着自己的方向，远离复杂，随处安然。如此，福气至深。"

生活在这个五颜六色的世界，诱惑实在太多，越是身在这样的环境中，女人越该让生活变得简单一点，让心灵变得简单一点。简单，不意味着要放弃自己的目标，放弃追求，更不是放弃对生活的热爱，而是一种在点点滴滴中积累人生，在平平淡淡中寻求充实和快乐。放下沉重的负累，敞开明亮的心扉，对就对了，错就错了，爱就爱了，恨就恨了，没有太多的计较和周折。心无旁骛，才是善待自己并获得幸福的途径。

一位老师看着孩子纯真的笑脸，问道："你们幸福吗？"

孩子们异口同声地道："幸福！"

老师又问："你们是只有今天幸福，还是每天都很幸福啊？"

孩子们答："每天都幸福。"

老师问其中的一个孩子："你为什么每天都如此幸福呢？"

孩子用稚嫩的声音说：“有小伙伴们和我一起玩，他们可以给我带来快乐，我很幸福；学校能够让我认识更多的小朋友，我很幸福；我喜欢我的老师，老师教会我很多的东西，我很幸福；还有爸爸妈妈、爷爷奶奶，他们都带给我幸福。”

淡定 | 寄语

当你用一种新的视野观察生活、对待生活时，你会发现许多简单的东西才是最美的，而许多美的东西正是那些最简单的事物。

——丽莎·茵·普兰特

老师听了，欣慰的同时却也感到有些惭愧。原来，幸福是这么的简单。关于幸福这一课，站在讲台上说的应该是孩子。

幸福就是简单地活着。简单，就是用一颗不复杂的心看待生活，不被凡尘俗事所扰，感受身边美好的人和事，轻轻松松地享受生活。可惜，很多女人总把幸福与物质联系到一起，总觉得幸福应该是物质垫起来的。殊不知，去掉心灵的繁琐，平和一点活着，就可以看清幸福最真实的样子。

美国著名作家爱琳·詹姆丝，一辈子都在倡导人们简单生活。她认为，唯有简单的生活才能活出自我。

年轻的时候，爱琳·詹姆丝是个作家，也是一个投资人，兼职一个地产公司的投资顾问。努力奋斗了十几年后，突然有一天，爱琳坐在自己的办公桌前，呆呆地望着写满密密麻麻事宜的日程安排表。她的心突然被触动了一下，她觉得自己再也忍受不了这样令人发疯的生活方式了。乱七八糟的事情，把自己清醒的每一分钟都塞满了，折磨着自己。她觉得，自己该换种活法了，应该摒弃一切无谓的忙碌，重新开始。

于是，她着手给自己列出了一个清单，上面罗列着需要从自己的生活中清除的事情。然后，她开始了一系列“大胆”的行动：取消了当日所有的电话预约，把堆积在办公桌上所有读过或没有读过的报纸和杂志全部扔进了垃圾箱，注销了全部的信用卡，不让每个月收到的账单函件打扰自己。此外，她把房间与庭院的草坪变得更加简约、整洁。如此一来，原本每天的八十多项内容变成了十多项。

让生活化繁为简后，爱琳·詹姆丝有了许多空闲的时间，心灵也得到了休整，整个人快乐了许多。

后来，爱琳·詹姆丝在自己的作品中写道："我们的生活已经太过复杂了。在我们今天这个历史进程中，从来没有像我们今天这个时代这样拥有如此多的东西。这些年来，我们一直被太多外在的物欲诱导着，我们误以为自己只要努力就一定会拥有一切，但是，这些东西事实上却让我们沉溺其中并且心烦意乱，因为它们使我们失去了创造力。与其这样忍受折磨，不如舍弃这些东西，给自己的心灵多腾出时间来休个假，这样才能使我们的创造力永远旺盛。"

梭罗说过："简单点儿，再简单点儿！奢侈与舒适的生活，实际上妨碍了人类的进步。"这一句感人至深的名言，以及爱琳的故事，相信能够让每个女人体悟到：多一分简单，多一分幸福；多一分简单，多一分舒畅。

想过简单的生活，就该像爱琳那样，弄清楚什么是自己真正想要的。你可以反思一下自己：每天有多少事情是没有必要非做不可的？哪些事情会使自己的生活落入浪费时间、浪费精力的陷阱中？想明白了以后，及时减少那些程式化的活动，减少让自己心灵受累的事情。其次，还要远离各种名利和物欲的困扰，不要迷失在自己制造的种种需求中，在物欲的天罗地网里苦苦挣扎。欲望和追求少了，内心自然也就简单了。